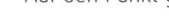

Netzwerken braucht Strategie, Zeit und Ziele 65

- Ihr Networking-Plan 66
- In sechs Schritten zu Ihrer ganz persönlichen Networking-Strategie 67
- Machen Netzwerkorganisationen Sinn? 70
- Das richtige Zeitmanagement 71

Finden Sie Ihre Social-Media-Strategie 75

- Soziale Medien: ein Eldorado für Networker 76
- Welche Plattform ist die richtige für Sie? 80
- Interessant und professionell wirken in den sozialen Medien 94
- Die richtige Zeit für Ihre Social-Media-Aktivitäten 95
- Zeit und Aufwand sparen mit Tools 97
- Erfahren Sie mehr über Ihre Kontakte: Statistiken 99
- Der eigene Blog 100
- Podcasts 104
- Webinare 105
- So entwickeln Sie Ihre Social-Media-Strategie 105
- Content is King 107
- Warum nur echte Fans Sie weiterbringen 107
- Stolpersteine und Risiken 108

- Auf den Punkt gebracht: die Tipps der Netzwerkexpertin 117

- Stichwortverzeichnis 123

Vorwort

Kontakte sind Gold wert. Das war schon immer so und ist heute angesichts des zunehmenden Wettbewerbs in allen Branchen wichtiger denn je. Networking ist angesagt. Nun gibt es Menschen, die sich scheinbar mühelos und offensichtlich mit viel Freude und Spaß ein großes Netzwerk aufbauen, von dem sie sowohl beruflich als auch privat profitieren.

Ihr Networking zeigte bisher nicht die Erfolge, die Sie sich wünschten? Keine Sorge, bald wird das anders sein. Dieser TaschenGuide weiht Sie in die Geheimnisse des Netzwerkens ein. Sie erfahren, dass es mit dem richtigen Mindset und der passenden Strategie ganz leicht gelingt, sich sowohl online als auch offline ein gutes und tragendes Netzwerk zu schaffen. Sie werden sehen, dass das Kontakteknüpfen, wenn man es richtig und mit Plan angeht, sogar Spaß machen kann. Zahlreiche Tipps und Erfolgsbeispiele zeigen Ihnen, wie das funktioniert. Sie lernen, dass Sie kaum etwas falsch machen können, wenn Sie ein paar wenige Regeln berücksichtigen.

Es gibt unzählige Möglichkeiten, mit anderen in Kontakt zu kommen. Probieren Sie sie aus. Jede einzelne Aktivität wird sich irgendwann für Sie auszahlen. Versprochen!

Ich wünsche Ihnen wertvolle Erkenntnisse bei der Lektüre und viel Erfolg beim Networking!

Ihre Petra Polk

Ohne Kontakte zu anderen geht es nicht

Schon immer war der Kontakt zu anderen wichtig. Kein Wunder, denn wir Menschen sind soziale Wesen, die ohne Gemeinschaft nicht existieren könnten. Heute haben wir mehr Chancen denn je, mit anderen in Verbindung zu kommen. Nutzen Sie sie!

In diesem Kapitel erfahren Sie u. a., dass

- Netzwerken viel mehr ist als Visitenkarten tauschen,

- wir alle die Kompetenz haben, gute Netzwerker zu sein,

- es ganz einfach sein kann, wenn man ein paar Regeln beachtet.

Ihr persönliches Netzwerk ist Gold wert

Der Mensch ist ein soziales Wesen – er braucht Kontakte zu seinesgleichen – nicht nur um überleben zu können, sondern auch, um gut leben zu können. Netzwerke, Seilschaften und Sippenwirtschaft gibt es daher schon so lange, wie es Kommunikation auf Erden gibt. Von unseren Vorfahren, die als Jäger und Sammler unterwegs waren, bis hin zu den Digital-Nomaden, den Online-Aktiven und denjenigen, die das Internet, das Smartphone und alles, was damit zu tun hat, immer noch ablehnen – dazwischen liegen eine ganze Menge Netzwerkkultur und Veränderungen. Doch obwohl sich im Laufe der Zeit so viel verändert hat, ist eines doch gleichgeblieben und wahrlich nichts Neues: Wir Menschen bauen Netzwerke auf, haben und pflegen sie. Die einen mehr, die anderen weniger. Die einen besser, die anderen schlechter.

Netzwerke sind heute wichtiger denn je. Sie haben an Bedeutung gewonnen, da die Globalisierung durch das Internet keine Grenzen mehr kennt und sich die Möglichkeiten und Chancen, Kontakte zu knüpfen, um ein Vielfaches erhöht haben. Uns ist es nur noch schwer mehr möglich, aus der Vielzahl der Möglichkeiten auszuwählen, und aus dem Grund vertrauen wir zu 88 % auf persönliche Empfehlungen.

Wenn ich von Netzwerk spreche, meine ich nicht etwa die Kontakte, über die ein Unternehmen oder eine Organisation verfügt, beispielsweise in Kundenkarteien. Nein, es geht um Ihr ganz persönliches Netzwerk. Keiner kann es Ihnen nehmen, egal was passiert, egal ob Sie sich von Ihrem aktuellen Arbeitgeber trennen, sich selbstständig machen oder Ihre Selbstständigkeit aufgeben oder ob Sie in eine andere Stadt ziehen. Ihr persönliches Netzwerk bleibt Ihnen immer erhalten. Und es ist riesengroß, auch wenn es Ihnen nicht so erscheinen mag. Es besteht nämlich nicht nur aus Ihren direkten Kontakten. Im Durchschnitt stehen hinter jeder Person, die Sie kennen, mindestens 500 weitere Kontakte. Seit es die digitalen Medien gibt, sind es tendenziell sogar noch mehr.

Sie sind von jeder Person auf der Welt ganz genau nur sechs Kontakte entfernt (siehe www.spiegel.de/wissenschaft/mensch/ueber-6-6-ecken-das-jeder-kennt-jeden-gesetz-a-569705. html). Allein dieser kurze Weg birgt ein enormes Potenzial. Nutzen Sie es mit aktivem Networking! Networking macht fast alles möglich und das Leben leichter.

Die Vorteile eines großen funktionierenden Netzwerks

Sie wissen immer, an wen Sie sich wenden können. Dank gezielter Empfehlungen Ihrer Netzwerkkontakte ersparen Sie sich teure und unnötige Fehlgriffe, aufwendige Umwege – und damit Zeit und Geld.

Sie bekommen selbst Vorschusslorbeeren vom Empfehlungsgeber.

Es tun sich neue Perspektiven und Chancen auf.

Sie erhalten Informationen, wichtige Impulse, Tipps und Rat auf kurzem Weg und können sich mit anderen über Ihre Erfahrungen austauschen.

Sie erhöhen Ihren Bekanntheitsgrad, und das ganz ohne kostenintensive Werbemittel.

Sie können anderen mit Rat und Hilfestellung zur Seite stehen.

Sie erweitern Ihren Horizont.

... und vielleicht ergeben sich sogar Freundschaften.

Netzwerken: viel mehr als Visitenkarten tauschen

Netzwerken heißt Beziehungen aufzubauen, zu pflegen und zu vertiefen. Netzwerken bedeutet, sich für andere Menschen zu interessieren und ohne eigene Erwartungshaltung andere miteinander in Kontakt zu bringen. Nicht umsonst gibt es schon seit Hunderten von Jahren Redewendungen wie »Beziehungen sind das halbe Leben«, »Kontakte schaden nur dem, der sie nicht hat«, oder: »Kontakte sind Gold wert«. Und für all das benötigt es Kommunikation und eine Beziehungsebene, die einfach passt. Sie kennen sicherlich den Ausspruch: »Die Chemie muss stimmen.« Dem kann ich nur zustimmen: Nur wenn das gegeben ist, wenn man sich also versteht oder, besser noch, miteinander harmoniert, funktioniert Netzwerken wirklich richtig gut.

Die Essenz: Empfehlungen

Netzwerken bedeutet, Empfehlungen auszusprechen und Empfehlungen zu bekommen. Auch hier ist es wieder wichtig, dass die Chemie stimmt, dass die Beziehung passt.

BEISPIEL: WAS NETZWERKEN MIT EMPFEHLUNGEN ZU TUN HAT

Für einen Event habe ich einen Raum in Salzburg gesucht, der bestimmte Voraussetzungen erfüllen sollte. Ich habe meine Anfrage an meine Kontakte gegeben. Nach weniger als 24 Stunden hatte ich eine Empfehlung inklusive Ansprechpartnerin und Kontaktdaten und habe genau diesen Raum gebucht.

Jeder kann für Sie ein potenzieller Empfehlungsgeber sein. Wenn Sie selbst gut vernetzt sind, haben Sie auch für Ihr Netzwerk immer wieder Empfehlungen.

BEISPIEL: EMPFEHLUNGSGEBER

In Ihrem Netzwerk sucht jemand einen sehr guten Webdesigner für die Umgestaltung seiner Homepage. Auf einer privaten Veranstaltung im letzten Jahr haben Sie jemanden kennengelernt, der genau passen würde. Sie empfehlen ihn weiter und werden damit zum Empfehlungsgeber

Ein Empfehlungsgeber kann nur jemand sein, der Kontakte hat, die er empfehlen kann. Dazu ist es wichtig, sich ein Netzwerk ohne Wertung aufzubauen, denn Sie können ja schließlich nie wissen, was Ihre Kontakte gerade benötigen.

> Netzwerken ist nichts anderes als Nachbarschaftshilfe, wie wir sie aus früheren Zeiten kannten. Mit dem Unterschied, dass Nachbarschaft heutzutage viel weiter gefasst werden kann. Denn die sozialen Medien machen es möglich, uns mit Menschen überall auf der Welt zu verbinden, ohne dass wir uns persönlich treffen.

Eine Hand wäscht die andere? Beim Netzwerken gilt dieses Prinzip nicht unbedingt. Erwarten Sie nicht, dass derjenige, den Sie anderen empfohlen haben, Sie umgekehrt auch gleich weiterempfehlen wird. Empfehlungen kommen nur selten auf direktem Weg zu uns zurück. Sie wissen nie vorab, wer Sie empfehlen wird, da Sie ja nicht wissen, wer wen kennt. Die unsichtbare Macht steckt bei Ihrem Netzwerk in der zweiten oder dritten Reihe. Doch wenn Sie Empfehlungen aussprechen, steigt die Wahrscheinlichkeit, dass andere das Gleiche für Sie tun.

Hier kann das berühmte 80:20-Verhältnis des Pareto-Prinzips herangezogen werden, das vom gleichnamigen Ökonomen Vilfredo Pareto entwickelt wurde und vor allem im Projekt- und Zeitmanagement Anwendung findet. Übertragen auf unser

Thema lässt sich sagen: Von 20 Prozent Ihrer Kontakte werden Sie 80 Prozent aller Empfehlungen bekommen. Die 20 Prozent an aktiven Empfehlungsgebern und Kontakte bilden also Ihr größtes Netzwerk-Potenzial.

Wie in anderen Bereichen gibt es auch beim Netzwerken Aktive, Mitläufer und passive Menschen. Wer sich als welcher Typ entpuppt, können Sie im Vorfeld natürlich nicht wissen. Ich selbst bin daher ein Fan davon, aus Quantität Qualität zu machen. Deswegen vernetze mich ohne Wertung mit möglichst vielen Menschen. Ich verfahre nach der Devise: »Die Spreu wird sich vom Weizen trennen«. Im Lauf der Zeit stellt sich dann heraus, welche Kontakte A-Priorität haben. Das sind diejenigen, von denen ich immer wieder Empfehlungen bekomme, die echtes Interesse zeigen, mich bei meinen Zielen und Visionen mit ihrem Netzwerk zu unterstützen.

Einmal Empfehlungsgeber immer Empfehlungsgeber!

Wie Networking gelingt

Ohne Kontakt zu Menschen funktioniert Netzwerken nicht. Dabei spielt es keine Rolle, über welche Kanäle Sie Kontakt zu anderen aufnehmen. Das kann persönlich, via Telefon, über soziale Medien oder virtuelle Räume, wie beispielsweise Chatrooms, geschehen. Oft höre ich, ein persönlicher Kontakt von Angesicht zu Angesicht sei viel wertvoller als virtuelle Kommunikation. Meine Erfahrung zeigt, dass das so nicht richtig ist: Entscheidend ist, wie Sie mit anderen kommunizieren – und das hängt wiederum von Ihrem Persönlichkeitstyp und Ihrem eigenen Mindset ab. Sie können virtuell genau so wertvoll mit anderen in Austausch treten wie persönlich. Hauptsache, es gelingt Ihnen, Vertrauen zum anderen aufzubauen, Ihre Wertschätzung und Ihr Interesse für ihn zu zeigen. Auf welchem Wege Sie das tun – offline oder online – spielt dann keine Rolle.

> Eine richtig gute Beziehung braucht Vertrauen, Wertschätzung, Interesse und Offenheit.

Gemeinsamkeiten verbinden. Verbinden Sie sich also mit Menschen, mit denen Sie viele Gemeinsamkeiten haben. Wie Sie solche Übereinstimmungen in einem unterhaltsamen Small Talk herausfinden, können Sie in Kapitel »Türöffner Small Talk« erfahren.

Die wichtigsten Spielregeln

- Vertrauen Sie auf Ihr Bauchgefühl. Es zeigt Ihnen verlässlich, ob die Chemie zwischen Ihnen und einem anderen stimmt.

- Zeigen Sie echtes Interesse für andere.

- Zuhören ist besser als reden. Wer richtig gut zuhören kann, erfährt unglaublich viel von anderen.

- Wer fragt, der führt. Verwechseln Sie das Fragen jedoch nicht mit dem Ausfragen.

- Ein Dialog ist immer besser als ein Monolog.

- Fallen Sie nie mit der Tür ins Haus, seien Sie geduldig, offen und wertschätzend.

- Seien Sie großzügig und geben Sie ohne die Erwartung, dafür etwas zurückzubekommen. Früher oder später zahlt sich das aus.

- Setzen Sie sich klare Ziele für Ihre Netzwerkaktivitäten und entwerfen Sie eine Networking-Strategie, bevor Sie loslegen. Wie das geht, erfahren Sie in Kapitel »Netzwerken braucht Strategie, Zeit und Ziele«.

- Bedanken Sie sich für Empfehlungen.

- Vernetzen Sie sich mit anderen ohne Wertung. Sagen Sie nicht: »Den Kontakt brauche ich nicht.« Sie wissen nie, welcher Kontakt in Ihrem Netzwerk irgendwann benötigt wird.

- Gehen Sie raus, gehen Sie auf Veranstaltungen, zeigen Sie Präsenz im Social Web: Schaffen Sie Gelegenheiten für Networking.

- Unterschätzen Sie die Relevanz des Small Talks nicht. Er ist der Türöffner zum Aufbau von Beziehungen.

- Kreieren Sie Ihren ganz persönlichen Elevator Pitch (was das ist und wie das geht, erfahren Sie im Kapitel »Sich selbst optimal präsentieren mit dem Elevator Pitch«).

- Geben Sie sich Zeit und haben Sie Geduld. Beziehungen zu anderen aufzubauen, kann schnell gehen, aber auch Jahre dauern. In manchen Fällen gelingt es gar nicht.

- Bleiben Sie gut in Erinnerung mit gepflegten, aussagekräftigen Online-Profilen und professionelle Visitenkarten.

- Worte alleine sind nicht entscheidend. Achten Sie im direkten Kontakt auf eine offene Körpersprache und zugewandte Haltung.

- Gehen Sie auf andere mit Humor und Freundlichkeit zu, ist das schon die halbe Miete für einen gelingenden Beziehungsaufbau. Nett sein hilft ungemein, da Sympathie entscheidet.

- Ein Kontakt wird Ihnen zu viel oder nervt Sie? Haben Sie den Mut, auch mal Nein zu sagen.

Die Geheimnisse des Networkings

Wissen Sie, wen Ihre Kontakte sonst so kennen? Vielleicht Ihren zukünftigen Chef? Vielleicht einen Experten, der Ihnen bei einem kniffligen Projekt weiterhelfen kann? Genau in diesem Potenzial liegt die wirkliche Kraft von erfolgreichen Networking-Aktivitäten. Um diese Potenziale zu erschließen und sichtbar zu machen, brauchen Sie das passende Mindset, echten Weitblick, Offenheit und Interesse für die Menschen, die Ihnen täglich begegnen.

Netzwerken ist nicht wie Shoppen. Sie können keine Networking-Tour unternehmen. Es funktioniert nicht auf Knopfdruck. Aus meiner Sicht ist es eine Frage Ihrer Einstellung, Ihres Mindsets. Je mehr Sie es in Ihren Alltag integrieren, desto besser und leichter gelingt es.

»Brauche ich diesen Kontakt wirklich? Kann mein Netzwerk etwas mit dieser Info anfangen?« Denken Sie nicht in solchen Kategorien. Darum geht es beim Netzwerken nicht. Vernetzen Sie sich wertungsfrei mit anderen. Wertungsfrei heißt, nicht darüber zu urteilen, ob Sie den Kontakt brauchen können oder nicht. Denn beim Networking geht es um Empfehlung. Aus diesem Grund kann jeder Kontakt interessant sein, denn Sie wissen ja nicht, welche Empfehlung Ihre Kontakte irgendwann einmal von Ihnen benötigen, und Sie wissen nicht, welche Kontakte Sie selbst zukünftig brauchen – und vor allem wissen Sie nicht, wer wen kennt.

Das A und O: wertschätzende Kommunikation

Networking ist Kommunikation. Wer sich ein Netzwerk aufbauen und erhalten will, sollte mit anderen kommunizieren. Und zwar nicht irgendwie, sondern vor allem wertschätzend.

> Wertschätzende Kommunikation ist der Garant für erfolgreiches Netzwerken.

Wenn Sie Ihrem Gegenüber zeigen, dass Sie ihn und das, wofür er steht, wertschätzen, ihm echtes Interesse entgegenbringen, dann wird er sich gerne an Sie erinnern. Glauben Sie mir, andere spüren es, ob wir sie in ihrem Wert schätzen und echtes Interesse für Sie haben.

Wertschätzende Kommunikation ist gar nicht schwer:

- Lassen Sie Ihren Gesprächspartner ausreden.

- Fahren Sie Ihren eigenen Redeanteil auf das Nötigste zurück.

- Hören Sie intensiv zu – hören Sie genau hin, was der andere sagt.

- Lassen Sie sich weder vom Smartphone noch von abschweifenden Gedanken ablenken. Denn oft werden Sie erst zwischen den Zeilen erfahren, was Sie für den anderen tun können.

Schon Goethe sagte: »Gott gab uns zwei Ohren, aber nur einen Mund, damit wir doppelt so viel zuhören wie sprechen.« Wenden Sie dieses Prinzip auf Ihre Kommunikation an, dann wirkt das nicht auf andere positiv, gleichzeitig erfahren Sie auch mehr. Und genau darum geht es: Desto mehr Sie wissen, desto wertvoller wird der Kontakt für Sie.

Wie Sie zum besseren Zuhörer werden:

- Stellen Sie Ihrem Gesprächspartner Fragen, deren Beantwortung Sie auch wirklich interessiert.
- Konzentrieren Sie sich ganz auf Ihr Gegenüber und dessen Antworten. Bleiben Sie mit Ihren Gedanken im Hier und Jetzt.
- Lassen Sie Ihren Gesprächspartner ausreden.

Wird man als Netzwerker geboren?

Nein, als Netzwerker wird man nicht geboren. Jeder kann Networking erlernen, denn es ist eine Frage des Mindsets und der persönlichen Einstellung. Warum ich das so eindeutig beantworten kann? Weil ich selbst die Erfahrung gemacht habe, dass man es sehr gut lernen kann:

2004 zog ich nach München. Da ich dort nur genau zwei Personen kannte, nämlich meinen Vermieter und meinen Chef in einem großen Versicherungskonzern, musste ich Kontakte knüpfen, ob ich wollte oder nicht. Nachdem ich dann merkte, was dadurch alles entstehen kann, und wie toll es ist, habe ich das

Netzwerken immer mehr in mein Leben integriert. Begonnen habe ich mit persönlichen Netzwerkaktivitäten. So habe ich 2004 in der Frauenzeitschrift »Freundin« eine Anzeige geschaltet: »Bin neu in München und suche Freundin«. Damals war an soziale Medien noch nicht zu denken. Die Frauen, die sich gemeldet hatten, habe ich gleich alle zusammen zu einem Treffen eingeladen. Die Anzeige hat mir nachher wirklich Freundschaften beschert – eine davon besteht heute noch. Durch meine Aktion haben sich auch Freundschaften zwischen anderen Frauen gebildet.

2005 machte ich meine ersten Schritte in den sozialen Medien, damals beim Portal Freenet, wo ich 2006 auch meinen jetzigen Partner kennengelernt habe. 2007 erzählte mir eine Freundin von XING. Bei Facebook meldete ich mich 2011 an. Sie sehen: Alles ist nach und nach entstanden. Für mich ist Social Media ein Geschenk. Meine Kunden, Fans und Freunde sagen über mich: »Petra ist eine Chancengeberin und Chancendenkerin.« Menschen miteinander zu verbinden, sehe ich als meine ganz persönliche Berufung. Und Kontakte sind einfach meine Leidenschaft. Meine Netzwerkaktivitäten haben mich dorthin gebracht, wo ich heute bin. Ohne mein ganz persönliches Netzwerk stünde ich nicht da, wo ich aktuell stehe.

Leben auch Sie Networking und integrieren Sie es in Ihren Alltag wie das tägliche Zähneputzen. Mit der Zeit wird es so selbstverständlich für Sie sein wie das Autofahren, bei dem Sie auch nicht mehr darüber nachdenken müssen, welchen Gang Sie jetzt einlegen müssen.

Netzwerken ist nichts für Egoisten, Einzelgänger und Pessimisten, sondern für Menschen mit Weitblick, die querdenken, offen und neugierig sind. Netzwerken ist aus meiner Sicht eine Lebensphilosophie. Sie können es nicht machen, sondern nur leben. Und es funktioniert, egal ob Sie extravertiert oder introvertiert sind.

Wer kennt Sie? Und wen kennen Sie?

Je größer Ihr Netzwerk ist, desto besser. Wenn Sie ins aktive Networking einsteigen, ist es wichtig, dass Sie viele Menschen kennenlernen. Denn nur wenn Sie über ein großes eigenes Netzwerk verfügen, können Sie anderen Empfehlungen aussprechen.

Zum großen Netzwerk in drei Schritten

1. Machen Sie sich bewusst, wer schon zu Ihrem Netzwerk gehört. Oft höre ich von Menschen, die mit dem Kontakteknüpfen beginnen: »Ich habe noch kein Netzwerk«. Das stimmt so nicht, denn dann würden Sie ja einsam auf einer kleinen Insel ganz allein leben. Jede Person, die Sie kennen, gehört zu Ihrem Netzwerk. Das fängt an bei der Familie und reicht von den Nachbarn, den Kollegen, Freunden, Vereinskollegen bis hin zu entfernten Bekannten, die Sie einmal kennengelernt haben. Denn jeder dieser Kontakte kann ein Empfehlungsgeber sein.

2. Erweitern Sie Ihr persönliches Netzwerk. Wie das geht, erfahren Sie in den folgenden Kapiteln.

3. Pflegen Sie Ihre Kontakte. Sie haben Bedenken, dass das zu viel Zeit beanspruchen könnte? Keine Sorge. Es reicht, wenn Sie nur einen Bruchteil davon pflegen, nämlich die 20 Prozent, die ich im Kapitel »Netzwerken: viel mehr als Visitenkarten tauschen« erwähnte. Die übrigen Kontakte arbeiten automatisch für Sie.

Es ist wichtig, dass Sie viele Menschen kennen, doch noch viel wichtiger ist es, dass viele Menschen Sie kennen. Denn nur wenn man Sie kennt, kann man Sie weiterempfehlen. Sorgen Sie dafür, dass Sie einen Anker hinterlassen, denn nur so sind und bleiben Sie bei Ihren Kontakten präsent (siehe hierzu näher das Kapitel »Warum Empfehlungen so wertvoll sind«).

Übersicht: Wer gehört bereits zu Ihrem Netzwerk?

Wer gehört heute schon zu Ihrem Netzwerk? Notieren Sie in den folgenden Kategorien so viele Namen wie möglich. Nennen Sie für jede Kategorie mindestens 20 Menschen, die Sie kennen, ohne sich dabei die Frage zu stellen, ob diese etwas für Sie tun können oder nicht. Ergänzen Sie, wenn nötig, weitere Kategorien.

Nachbarn:

Freunde:

Familie:

Verein:

Studium:

Schule:

Kollegen:

Ehemalige Kollegen:

Dienstleister wie Ärzte, Versicherungsberater, Friseur.....

Ehrenamt:

Eltern meiner Kinder:

Die besten Orte, um in Kontakt zu kommen

Netzwerken können Sie immer und überall dort, wo Sie mit Menschen zusammenkommen. Integrieren Sie es in Ihren Alltag und sehen Sie es nicht als Aufgabe, die es notgedrungen auch zu erledigen gilt. Tun Sie es, wann auch immer Sie können.

Wo es sich prima netzwerken lässt

- In der Mittagspause – gehen Sie mit jemandem, mit dem Sie schon immer mal sprechen wollten, in die Pause und nicht mit dem gut bekannten Kollegen vom Schreibtisch gegenüber
- In der Bahn auf Ihren Geschäftsreisen
- Bei jedem Event Ihrer Branche oder Profession
- Bei der Weihnachtsfeier, beim Sommerfest
- Beim Public Viewing
- Am Flughafen, während des Flugs
- Im Supermarkt, beim Friseur
- Bei Geschäftseröffnungen
- In Seminaren, Workshops, Trainings
- Bei Kongressen, Messen, so z. B. Karrieremessen, Barcamps, Konferenzen
- Im Restaurant, im Café, an der Bar
- Bei Vernissagen und Lesungen
- Im Verein oder beim Sport, z. B. im Fitnessstudio
- Beim Elternabend in der Schule oder im Kindergarten
- Mit Ihren Geschäftspartnern oder Kollegen im Alltag
- Bei der Familienfeier

- Auf Reisen

- Beim Sommerfest in Ihrem Wohnbezirk, in Ihrem Dorf oder in der Stadt

- Im Kunden- oder Akquisegespräch

Aha!-Geschichten und Gedankenanstöße

Meine Oma wurde 1900 geboren, in eine Zeit, die ganz anders war als heute. Es gab kein Internet, und ein Telefon hatten nur ganz wenige Familien. Und trotzdem war meine Großmutter eine Netzwerkerin. Da sie nicht berufstätig war, knüpfte sie ihr privates Netzwerk und besuchte einmal wöchentlich Frauenkaffeekränzchen, wo sie sich mit Nachbarinnen und Freundinnen über die neuesten Infos rund um das gesellschaftliche Leben austauschte.

> Die Erkenntnis: Netzwerken muss nicht nur mit Business und Karriere zu tun haben. Es macht auch das private Leben leichter und liefert wertvolle Informationen.

Bei einem meiner Flüge nach Mallorca zu einem Businesstermin kam ich mit meinem Sitznachbar ins Gespräch. Er war mit einer Gruppe auf dem Weg zu einem Ausflug auf die Insel. Es gab nur ein kurzes, aber nettes Gespräch zwischen uns, da er die frühe Uhrzeit des Fluges zum Ruhen nutzen wollte und ich zum Arbeiten. Wir tauschten weder Visitenkarten noch Telefonnummern – das wäre auch nicht passend gewesen in der Situation. Doch etwa vier Wochen später begegneten wir uns zufälligerweise auf einem Unternehmertreffen in unserer Region wieder. Er hat mich erkannt und auch aktiv angesprochen. Natürlich haben wir bei dieser Gelegenheit Visitenkarten gewechselt und uns näher kennengelernt.

> Die Erkenntnis: Die Welt ist ein Dorf. Wenn es sein soll, trifft man sich wieder.

Im November 2016 saß neben mir im Flugzeug von New York nach Düsseldorf eine junge Ärztin aus Wien. Wir führten eine sehr intensive Unterhaltung zu allen möglichen Themen: zu unserem Business, zu Frauenthemen, zu Herausforderungen im Leben, über das Networking und zu dem Seminar, das sie gerade besucht hatte. Wir hatten acht Stunden Zeit uns kennenzulernen, was wir beide als sehr angenehm empfanden. Ihre Visitenkarte liegt heute immer noch auf meinem Schreibtisch. Bisher gab es kein Wiedersehen, doch wir kommunizieren regelmäßig über Facebook. Jetzt, wo ich diese Zeilen schreibe, nehme ich mir vor, sie bei meinem nächsten Termin in Wien zu treffen.

> Die Erkenntnis: Es gelingt nicht immer, alle Kontakte persönlich zu pflegen, doch ist der Kontakt einmal geknüpft, ist es jederzeit möglich, ihn wieder zu aktivieren. Manchmal ist die Zeit dafür einfach noch nicht reif. Alles kann, nichts muss.

Im Jahr 2015 war mein erstes Buch erschienen und in der ersten Zeit hatte ich es immer in der Handtasche, so auch, als ich eines Tages am Flughafen Berlin-Tegel einen meiner ehemaligen Vorgesetzten aus der Finanzberatung beim Boarding traf. Wir tauschten uns aus, was jeder so gerade macht – typischer Small Talk eben. Und ich gab ihm mein Buch.

> Die Erkenntnis: Man sieht sich immer zweimal im Leben.

Zwar ist aus diesem Kontakt heraus noch keine Empfehlung entstanden, doch das kann ja noch kommen. Das Buch ist der Anker, damit er mich nicht vergisst.

Aus all diesen Storys lässt sich eine gemeinsame Botschaft herleiten: Im Hier und Jetzt lässt sich nicht sagen, was sich einmal aus einem Kontakt ergeben wird. Doch eines Tages begegnet Ihnen vielleicht jemand, der genau einen dieser Kontakte benötigt, oder einem Ihrer Kontakte begegnet jemand, für den Sie genau der richtige Ansprechpartner sind. Vielleicht entsteht auch nichts daraus – was auch sein kann, aber nicht schlimm ist. Es ist wie mit dem Säen von Samenkörnern: Sie können nicht wissen, welche davon aufgehen. Also sind Sie gut beraten, wenn Sie möglichst viele davon in die Erde bringen.

Auf einen Blick: Ohne Kontakte zu anderen geht es nicht

- Ein gutes und tragfähiges Netzwerk zu haben, war schon immer wichtig, heutzutage ist es aufgrund zunehmender Konkurrenz Gold wert.
- Andere weiterzuempfehlen und von anderen empfohlen zu werden, ist die Essenz des Networkings.
- Netzwerken ist viel mehr als Visitenkarten tauschen. Es verlangt ein offenes und tolerantes Mindset und gelingt nur, wenn man es lebt.
- Jeder hat ein Netzwerk. Vielen ist das nur nicht bewusst. Reflektieren Sie: Wen kennen Sie? Wer kennt Sie?
- Networking funktioniert online und offline, an jedem Ort der Welt.

Netzwerken braucht Persönlichkeit

Den geborenen Networker gibt es nicht. Kontakte knüpfen kann jeder – nur eben auf seine Weise. Es ist also nicht eine Frage des Ob, sondern eine Frage des Wie.

In diesem Kapitel erfahren Sie unter anderem,

- welche Netzwerktypen es gibt,
- warum auch introvertierte Menschen gute Netzwerker sind,
- was Männer von Frauen und Frauen von Männern lernen können,
- warum Sie Ihr Alleinstellungsmerkmal kennen sollten.

Wer sind Sie? Wofür stehen Sie?

Warum sind die einen scheinbar begnadete Networker, denen die Kontakte nur so zufliegen, während andere, die sich sehr in ihrem Netzwerk für andere engagieren, erfolglos bleiben, wenn es darum geht, dass sie selbst weiterempfohlen werden? Oft erzählen mir Menschen: »Ich netzwerke und netzwerke, spreche Empfehlungen aus und bekomme selbst nie welche.« Das kann mehrere Gründe haben, die Sie hier in diesem Kapitel kennenlernen.

Beginnen wir beim grundlegenden Fundament dafür. Sie wissen ja, wenn das Fundament eines Hauses nicht passt, wackeln die Wände und das Dach. Und genau so ist es auch beim Netzwerken. Alles steht und fällt mit Ihnen und Ihrer Persönlichkeit. Netzwerkbeziehungen werden von Mensch zu Mensch aufgebaut und aus diesem Grund ist es so wichtig, dass Sie mit Ihrer einzigartigen Persönlichkeit punkten. Denn es gibt von allem mehr als genug. Ihre Persönlichkeit aber macht Sie unverwechselbar und unterscheidet Sie von anderen. Nehmen wir ein Beispiel: In Deutschland gibt es mehr als 1.000 Coaches, die sich auf Kommunikationsthemen spezialisiert haben, jeder bietet das gleiche an, aber jeder auf seine eigene Art und Weise aufgrund seiner einzigartigen Persönlichkeit. Aus dem Grund ist es wichtig, dass Ihr Netzwerk weiß, was Ihr Alleinstellungsmerkmal ist, also Ihre Unique Selling Proposition, wie die Marketingprofis es nennen. Was macht Sie besonders, was unterscheidet Sie von den anderen 999?

Machen Sie sich ganz klar die folgenden Aspekte bewusst:

- Wer sind Sie?
- Was macht Sie empfehlenswert?
- Wie unterscheiden Sie sich von den anderen Ihrer Branche?
- Was macht Sie einzigartig?
- Was ist Ihr Karriereziel?
- Was sind Ihre Vorlieben und Macken?

Nutzen Sie den folgenden Fragebogen, um mehr Klarheit zu diesen Aspekten zu gewinnen. Wenn Sie keinen Erfolg haben, suchen Sie nie zuerst im Außen, sondern fangen Sie immer bei sich selbst an. Das gilt auch, wenn es um das Netzwerken geht.

Fragebogen: Wer sind Sie – was macht Sie aus?	
Was ist meine Berufung?	
Was ist meine Vision?	
Was macht mich einzigartig?	
Warum bin ich empfehlenswert?	
Was treibt mich an, warum stehe ich jeden Tag auf?	
Welche Vorlieben habe ich?	
Welche Macken habe ich?	
Was sind meine fünf wichtigsten Werte?	
Ist meine Einstellung zum Networking positiv? Wenn nein, warum nicht?	

In diesem TaschenGuide finden Sie viele Tipps, Hinweise, Beispiele und Storys rund um das Networking. Picken Sie sich das heraus, was zu Ihnen passt. Es kommt darauf an, Ihren eigenen Weg zu finden. Denn nur auf diese Weise können Sie das Netzwerken in Ihr Leben einbauen und es zum Erfolgsturbo für Ihr Business und Ihre Karriere machen.

Netzwerktypen

So wie es unterschiedliche Persönlichkeitstypen gibt, so netzwerkt auch jeder anders. Zu welchem der folgenden Netzwerktypen zählen Sie am ehesten?

Der Macher

Dieser Netzwerktyp macht sich nicht so viele Gedanken, bevor er Kontakt mit anderen aufnimmt, und hat auch keine Scheu, auf fremde Menschen zuzugehen. Er legt einfach los, hat viele Ideen, ist sehr umsetzungsstark und kann sich richtig gut vermarkten. Anderen hilft er gerne dabei, ihre Ideen in die Tat umzusetzen.

Der Macher kann nicht *nicht* netzwerken. Er tut es auf der Familienfeier genauso wie an der Supermarktkasse. Bei Veranstaltungen bevorzugt er große Events. Da der Macher meist viel Redezeit beansprucht und andere ab und an nicht zu Wort kommen lässt, kann es vorkommen, dass er als egozentrisch wahrgenommen wird.

Erkennen Sie sich wieder? Folgendes sollten Sie in puncto Netzwerken wissen:

- Beobachten Sie aufmerksam, ob Ihr Gegenüber offen für das Gespräch und das Thema ist.

- Nehmen Sie Ihren Redeanteil zurück. Lassen Sie andere reden und hören Sie ihnen aufmerksam zu.
- Zeigen Sie echtes Interesse und Wertschätzung für Ihren Gesprächspartner.

Der Kreative

Der kreative Netzwerker hat viele zündende Ideen. Wenn es an die Umsetzung geht, weiß er aber oft nicht, wo, wie und mit wem er beginnen soll. Er geht von Event zu Event und hat keine echte Strategie und kein Ziel. Er verzettelt sich oft und es fehlt an der Umsetzung mit Plan.

Erkennen Sie sich wieder? Folgendes sollten Sie in puncto Netzwerken wissen:

- Gehen Sie Schritt für Schritt vor.
- Überlegen Sie sich die Ziele Ihrer Netzwerkaktivitäten.
- Fokussieren Sie sich. Weniger kann mehr sein.

Der Strukturierte

Menschen dieses Typs machen alles geplant und strukturiert. Sie haben dafür eher nicht so viele Ideen, sind weniger kreativ. Strukturierte Netzwerker kommen oft nicht ins Handeln, weil sie zu lange überlegen und nicht offen sind für Neues.

Erkennen Sie sich wieder? Folgendes sollten Sie in puncto Netzwerken wissen:

- Stürzen Sie sich ganz bewusst ins Netzwerken. Beginnen Sie einfach.

- Lassen Sie sich nicht von Hindernissen entmutigen.

Der Visionär

Sein Blick ist auf das große Ganze gerichtet, er denkt in weiteren Maßstäben als andere und wird daher auch oft insbesondere von Realisten nicht ernst genommen. Hat er eine Vision entwickelt, ist er sehr motiviert, diese auch in die Tat umzusetzen. Er kommt jedoch oft ins Trudeln, wenn es um die konkrete Umsetzung geht.

Erkennen Sie sich wieder? Folgendes sollten Sie in puncto Netzwerken wissen:

- Wechseln Sie des Öfteren die Perspektive. Versteht Ihr Gegenüber Ihr großes Ziel, kann er es nachvollziehen?

- Nicht jeder hat so große Pläne. Andere denken kleiner. Auch das ist okay. Akzeptieren Sie das.

- Suchen Sie sich Verbündete auf dem Weg zu Ihrem Ziel, die Ihnen dabei helfen, es umzusetzen.

Der Realist

Er ist oft die Spaßbremse für den Visionär. Ein Realist beleuchtet Ideen kritischer als andere. Daher ist er wertvoll als Netzwerkpartner, wenn es um die Prüfung der Realisierbarkeit von Ideen geht.

Erkennen Sie sich wieder? Folgendes sollten Sie in puncto Netzwerken wissen:

- Seien Sie nicht zu übervorsichtig.
- Lassen Sie sich auch mal auf Risiken und Unvorhersehbares ein.

Der Mutige

Mut macht sehr entscheidungsfreudig. Netzwerker dieses Typs scheuen sich nicht, offen auf andere zuzugehen, neue Wege auszuprobieren und dafür auch die Verantwortung zu übernehmen.

Erkennen Sie sich wieder? Folgendes sollten Sie in puncto Netzwerken wissen:

- Überrumpeln Sie andere nicht, wenn Sie nach vorne preschen.
- Respektieren Sie die Ängste und Befürchtungen anderer.

Der Idealist

Idealisten sind sehr hilfsbereit und können meist ganz schlecht »Nein« sagen. Dadurch verzetteln sie sich oft.

Erkennen Sie sich wieder? Folgendes sollten Sie in puncto Netzwerken wissen:

- Knüpfen Sie vor allem auch Kontakte zu Realisten. Sie unterstützen Sie dabei, die Bodenhaftung nicht zu verlieren.

- Sich gemeinsam mit anderen für gute Zwecke einzusetzen, ist natürlich prima. Vergessen Sie sich allerdings bei all diesen Aktivitäten nicht selbst und verschaffen Sie sich Regenerationspausen.

> Welcher Netzwerktyp passt zu Ihnen, mit wem wird Ihnen die Kontaktpflege leichtfallen? Das hängt zum einen davon ab, welcher Typ Sie selbst sind und zum anderen auch von Ihren Werten. Hier hilft Ihnen der Fragebogen in Kapitel »Wer sind Sie? Wofür stehen Sie?«.

Wie Männer von Frauen lernen – und Frauen von Männern

Männer netzwerken in der Regel anders als Frauen. Sie sind direkter und gehen ein wenig mutiger in die Kommunikation – Ausnahmen bestätigen natürlich wie immer die Regel. Beobachten Sie das andere Geschlecht einmal genauer beim Networking. Vielleicht können Sie etwas lernen. Das gilt für beide Seiten gleichermaßen.

Was Männer von Frauen lernen können:

- Mehr Empathie und Einfühlungsvermögen
- Echtes Interesse am Gesprächspartner zeigen
- Offene und ehrliche Kommunikation

Was Frauen von Männern lernen können:

- Gezielter und strategischer Netzwerke knüpfen
- Nicht um den heißen Brei herumreden
- Weniger reden, mehr zuhören
- Mutiger werden

Wer kann besser netzwerken: Introvertierte oder Extravertierte?

Gehen Sie nicht so gerne auf andere Menschen zu und fühlen Sie sich in großen Gesellschaften eher unwohl? Dann sind Sie vermutlich eher ein introvertierter Mensch, und vielleicht fragen Sie sich: »Können Introvertierte überhaupt erfolgreich netzwerken?« Ich kann Sie beruhigen: Das gelingt sogar sehr gut, jedoch auf andere Weise als bei Extravertierten, denen es leichter fällt, Kontakt zu Fremden zu knüpfen.

Introvertierte stehen oft vor der Hürde, überhaupt mit dem Netzwerken zu beginnen. Extravertierte Menschen tun es einfach und machen sich über das »Ob« keine Gedanken. Haben Introvertierte aber einmal den ersten Schritt getan, können sie sich gut auf ihr Gegenüber einlassen, während ein Extravertierter schon wieder hundert andere Flausen im Kopf hat und Angst hat, etwas zu verpassen. Introvertierte

1. können viel besser zuhören.

2. suchen die Kommunikation mit Einzelnen und meiden Gruppen. Solche Gespräche sind intensiver und so gelingt es leichter, dem anderen mit echtem Interesse zu begegnen.

Tipps für introvertierte Menschen

- Prüfen Sie Ihre Einstellung zum Networking. Führen Sie sich vor Augen, welche Vorteile es Ihnen bringen kann.

- Verlassen Sie Ihre Komfortzone. Fangen Sie einfach an und trauen Sie sich.

- Nutzen Sie kleinere Events.

- Lassen Sie sich von vertrauten Personen begleiten, so z. B. von einer Freundin.

- Nutzen Sie 1:1-Gespräche für Ihre Vernetzung.

- Nutzen Sie Ihre Potenziale: Als gute Zuhörerin haben Sie einen Vorsprung vor Vielrednern.

- Punkten Sie mit Ihrer Persönlichkeit und wertschätzender Kommunikation.

Tipps für extravertierte Menschen

- Fahren Sie Ihren Redeanteil zurück und verlegen Sie sich auf das Zuhören. Lassen Sie vor allem introvertierte Menschen zu Wort kommen.

- Zeigen Sie echtes Interesse für die Menschen.

- Nehmen Sie sich Zeit für die Intensivierung wichtiger Kontakte.

- Suchen Sie sich ab und an die große Bühne, so z. B. Präsentationen vor vielen Menschen, um Ihrer Extravertiertheit Rechnung zu tragen. Doch lernen Sie auch, sich zurückzunehmen und anderen das Rampenlicht zu überlassen.

Kennen Sie Ihren USP?

Wir leben in einer Überflussgesellschaft. Es gibt von allem genug. Und es gibt viele, die genau die gleiche Dienstleistung anbieten wie Sie, die Ihre Kompetenz haben oder ein ähnliches Produkt offerieren. Warum sollte Ihr Netzwerk Sie empfehlen und nicht die Konkurrenz? Was macht Sie und Ihr Leistungsportfolio einzigartig? Desto besser Sie die Antworten auf diese Fragen kennen, umso besser können Sie es bei Ihren Netzwerkaktivitäten kommunizieren. Finden Sie also Ihren USP, Ihre Unique Selling Proposition, Ihr Alleinstellungsmerkmal. Es ist ein wichtiger Faktor für Ihre Networking-Karriere.

So finden Sie Ihr Alleinstellungsmerkmal

Die folgenden Fragen helfen Ihnen bei der Suche nach Ihrem Alleinstellungsmerkmal.

- Was macht Sie als Persönlichkeit einzigartig?

- Was unterscheidet Ihre Dienstleistung/Ihr Produkt/Ihre Arbeitsweise/Ihren Service von denjenigen der Mitbewerber?

- Was macht Sie besonders empfehlenswert?

- Warum arbeiten Ihr Chef oder Ihre Kunden gerne mit Ihnen?

- Welchen besonderen Nutzen bietet Ihre Dienstleistung/Ihr Produkt bzw. bieten Sie als Person?

- Was ist Ihre besondere Expertise?

Doch können Sie Ihren USP auch erklären? Denn wenn Sie es nicht erzählen, weiß es auch keiner zu schätzen. Sie dürfen dick auftragen, wenn Sie schildern, was Sie besonders gut können, was Ihre ganz besonderen Stärken sind und was Ihre Persönlichkeit einzigartig macht.

Machen Sie Ihr Alleinstellungsmerkmal für Ihr Netzwerk klar verständlich und einprägsam. Lassen Sie sich dabei von folgendem Bonmot leiten: »Der Wurm muss nicht dem Angler, sondern dem Fisch schmecken.« Machen Sie sich auf die Suche nach einem prägnanten Satz, in dem Ihr USP enthalten ist:

- Was macht Sie einzigartig?

- Was ist bei Ihnen anders als bei den anderen?

- Warum lohnt es sich, gerade mit Ihnen in Kontakt kommen?

Finden Sie Ihren eigenen Weg, Ihr Networking weiter auszubauen. Suchen Sie sich aus diesem TaschenGuide die Tipps und Techniken heraus, die zu Ihnen passen. Probieren Sie sie aus. Wenn sie Ihnen keinen Spaß machen, suchen Sie sich andere. Beobachten Sie, wie es andere machen. Lernen Sie von erfolgreichen Networkern, aber bleiben Sie dabei immer authentisch.

Aha!-Geschichte und Gedankenanstoß

2017 war ich erstmals beim Trainerkongress in Berlin. Ich hielt zwei Impulsvorträge, die ausgebucht waren. Von der Masse an Zuhörern hob sich eine Frau ab, und zwar vor allem aus den folgenden zwei Gründen: Sie brachte sich aktiv mit vielen Wortmeldungen ein und: sie hatte ein rotes Kleid an. Sie kennen das, gerade bei Businesskongressen tragen viele graue oder blaue Kostümchen, genauso wie Männer zu diesen eher unscheinbaren Farben tendieren. Wir kamen nach meinem Vortrag miteinander ins Gespräch und haben unseren Kontakt an dem Tag weiter vertieft. Heute stehen wir immer noch in Verbindung.

Die Erkenntnis: Heben Sie sich von der grauen Masse ab.

Auf einen Blick: Netzwerken braucht Persönlichkeit

- Das Talent zum Netzwerken ist Menschen nicht in die Wiege gelegt. Jeder kann es lernen.

- Es gibt unterschiedliche Netzwerktypen, so u. a. Macher, Kreative, Strukturierte etc., und es gibt verschiedene Persönlichkeitstypen, z. B. Extravertierte und Introvertierte. Jeder geht anders an das Kontakteknüpfen heran – jeder Typ kann damit gleichermaßen erfolgreich sein.

- Was macht Sie als Persönlichkeit einzigartig? Welche Werte leben Sie? Wer das sich und anderen beantworten kann, dem fällt es leichter, die passenden Kontakte zu knüpfen.

Mehr Erfolg im Beruf dank Networking

Menschen folgen am liebsten den Empfehlungen anderer, wenn es um wichtige Entscheidungen geht. Diese Regel gilt natürlich auch im Berufsleben. Wer im Netzwerk weiterempfohlen wird, hat den neuen Job oder den Auftrag daher schon so gut wie sicher in der Tasche.

In diesem Kapitel erfahren Sie unter anderem,

- wie Sie sich optimal präsentieren, um gut in Erinnerung zu bleiben,

- warum ein Networking-Plan wichtig ist,

- welche Social-Media-Strategie die richtige für Sie ist.

Erfolgsfaktor Vernetzung

Ob Sie eine gefragte Persönlichkeit sind und Erfolg haben mit dem, was Sie anbieten, hängt heutzutage nicht mehr (nur) von Ihrem Titel, Status oder Wissen ab. Vor allem das Wissen in einem bestimmten Fachgebiet reicht heutzutage allein nicht mehr aus. Für Ihren ganz persönlichen Erfolg, wie auch immer Sie ihn für sich definieren, spielen Ihre Persönlichkeit und vor allem Ihr Netzwerk eine weit größere Rolle.

Gute Gründe, warum Networking für Ihren Erfolg wichtig ist

- Wer Networking für das Eigenmarketing nutzt, kann seinen Bekanntheitsgrad steigern.
- Mithilfe von Networking können Sie »Ihre Marke« branden.
- Netzwerken kostet zwar Zeit, kann jedoch auch zu enormer Zeitersparnis führen: Wenn Sie gut vernetzt sind, vermeiden Sie dank zielgenauer Empfehlungen Fehlgriffe, und Ihr Netzwerk hat für Sie vielleicht schnell die richtige Lösung für ein Problem parat. Sie können mit den richtigen Empfehlungen Ihre persönlichen Ziele rascher erreichen. Sie finden beispielsweise leichter Kooperationspartner und Menschen mit gleichen Zielen und Interessen, die für einen Austausch zur Verfügung stehen.
- Ein gutes Netzwerk inspiriert und motiviert in schwierigen Phasen und auf der Suche nach Ideen.
- Sie bleiben immer auf dem neuesten Stand zu Innovationen und News aus Ihrer Branche und Sparte.
- Ein gutes Netzwerk macht Spaß. Und wer Spaß hat, dem geht die Arbeit leichter und damit besser von der Hand.

Sie sollten daher nicht nur Zeit in Ihre Fortbildung investieren, um sich mehr Wissen anzueignen, sondern sich auch Zeit dafür reservieren, Ihr Netzwerk zu erweitern und bestehende Kontakte zu pflegen. Das können Sie ganz klassisch in persönlichen Gesprächen, aber auch im Social Web online machen. Ich persönlich lebe und liebe es, beides miteinander zu kombinieren.

> Lassen Sie sich beim Kontakteknüpfen am besten von folgendem Sprichwort leiten: »Fischen Sie nicht immer im gleichen Teich«. Wenn Sie immer in denselben Kreisen netzwerken, wird sich nichts ändern

Wer nicht auffällt, fällt weg

Zugegeben, die Überschrift für dieses Kapitel ist etwas provokativ formuliert, und vielleicht denken Sie, wenn Sie sie lesen: »Oh, ich möchte mich aber nicht so in den Vordergrund drängen!«, oder: »Muss ich jetzt etwa signalrote Kleidung anziehen?« Keine Sorge, wenn Sie das nicht wollen, müssen Sie es natürlich nicht. Auch hier kommt sie wieder zum Tragen, die Maxime, die sich durch diesen TaschenGuide zieht: Es gibt nicht den einen richtigen Weg, sondern der Weg muss zu Ihnen passen.

Eine Strategie gilt jedoch für alle, die erfolgreich im Job sein wollen: Fallen Sie positiv auf. Was nützt es, wenn Sie gut sind, Sie aber keiner kennt? Machen Sie sich sichtbar und erhöhen Sie damit Ihren Bekanntheitsgrad. Sie brauchen dazu nicht etwa ein bestimmtes Produkt oder eine Dienstleistung, Sie selbst sind schon eine Marke für sich. Bauen Sie diese Marke aus und branden Sie sie mit Ihrer ganz persönlichen Networking-Strategie Schritt für Schritt immer mehr.

Gute Marken sind einzigartig, unverwechselbar und sichtbar. Sie stehen für Qualität, Professionalität und ein Versprechen. Je mehr Sie Ihre Marke »Ich« ausbauen, desto unverwechselbarer werden Sie bei Ihren Networking-Aktivitäten. Und diese können wiederum auch einen erheblichen Teil zur Bekanntheit Ihrer Marke beitragen.

Wie Sie Ihre eigene Marke aufbauen

- Definieren Sie den USP Ihrer Marke (wie das geht, lesen Sie im Kapitel »Kennen Sie Ihren USP?«) und kommunizieren Sie ihn so oft wie möglich.

- Schaffen Sie Wiedererkennungsmerkmale über einen Slogan oder/und ein Corporate Design, das Sie für alle Medien in gleicher Weise nutzen. Legen Sie sich eine Corporate Identity zu.

- Gehen Sie raus! Es wird keiner an Ihre Bürotür klopfen oder bei Ihnen klingeln und sagen: »Ich möchte Sie gerne kennenlernen.«

- Auch für Social-Media-Plattformen gilt: Werden Sie aktiv! Dort nur mit einem Account vertreten zu sein, reicht nicht, um wahrgenommen zu werden.

- Zeigen Sie Präsenz, wo auch immer Sie sind. Es genügt nicht, nur mit der Kollegin zu sprechen, die Sie schon zehn Jahre lang kennen. Präsenz zeigen heißt auch, mal in die erste Reihe zu treten und auf Unbekannte zuzugehen. Setzen Sie sich nicht in die hinterste Ecke, wo keiner vorbeikommt, sondern wählen Sie einen zentralen Punkt und wechseln Sie selbst auf Veranstaltungen ganz aktiv die Gesprächspartner.

- Setzen Sie Zeichen, also Ihre ganz persönlichen Markenzeichen. Positiv auffallen können Sie beispielsweise mit Ihrer Kleidung oder, falls Sie in einer konservativen Branche unterwegs sind, mit bestimmten Accessoires, so z.B. einem ausgefallenen Schuh, farbigen Socken oder einer exaltierten Sonnenbrille. Sie können Ihren Look so zu einem Markenzeichen machen. Für die Damen ist es viel einfacher, sich auffällig zu kleiden. Verstehen Sie mich nicht falsch: Es geht nicht darum, sich »aufzutakeln«, und auch nicht um einen Schönheitswettbewerb. Es geht darum, sich etwas zu suchen, was zu Ihnen passt und was es anderen leichter macht Sie wiederzuerkennen.

BEISPIEL: GANZ PERSÖNLICHE MARKENZEICHEN

Wer mich kennt, weiß, dass es bei mir die Brille ist. Und ich trage meist pinke Blazer, Gehröcke oder Kleider. Heute wird oft gesagt: »Die Pink Lady kommt«. Und auch bei ganz großen Kongressen werde ich oft angesprochen: »Frau Polk, ich habe Sie gleich an der Brille erkannt.«

Bei einer Kollegin war es die rote Handtasche.

Männer wählen im Business meist graue, schwarze oder blaue Anzüge. Ich kannte vor Jahren einmal einen Herrn, der nur bordeauxfarbene Cord-Sakkos und -Hosen trug. Sie sehen, mir ist er in Erinnerung geblieben!

- Denken Sie nach: Welcher Look könnte Sie noch präsenter machen? Lassen Sie das graue unscheinbare Kostümchen im Schrank. Die Welt ist bunt. Seien Sie ein Teil davon und haben Sie Mut zu Ihrer Farbe, zu Ihrem Branding.

Türöffner »Small Talk«

Wer denkt, dass er sich beim Networking auf den Austausch von Fakten beschränken kann, irrt, zumindest dann, wenn das Kontakteknüpfen Früchte tragen soll. Erfolgreiches Networking braucht eine Beziehungsebene – denn nicht unser Verstand, sondern unser Unterbewusstsein entscheidet, ob wir den anderen sympathisch finden.

Eine gute Beziehung zu anderen lässt sich vortrefflich mit Small Talk herstellen. Dieses oberflächliche Geplänkel, wie einige es abwertend nennen, wird meist unterschätzt, ist aber enorm wichtig beim Networking. Sie dürfen es sich wie das Warmlaufen bei Ihrem Auto vorstellen: Wenn Sie den Motor gestartet haben, beschleunigen Sie nicht gleich auf 180 km/h, sondern Sie fahren langsam an.

Gute Small-Talk-Themen

Es gibt keine goldene Regel, welche Themen sich für Small Talk eignen. Der Small Talk muss zur Situation passen und auch zu Ihnen und Ihrem Gegenüber. Wenn Sie Ihren Gesprächspartner noch nicht kennen, zählt erst einmal nur die Situation. Tasten Sie sich hierüber thematisch an den anderen heran. Lernen Sie jemanden auf einer Messe oder einem Kongress kennen, bieten sich Aspekte an, die damit zusammenhängen, so z. B. die Anreise zur Messe, wie oft Sie bereits hier waren, was der Grund Ihres Besuchs ist.

Mögliche Small-Talk-Themen bei Events, Seminaren und Kongressen
Wie war Ihre Anreise?
Wie sind Sie angereist?
Woher kommen Sie?
Wie sind Sie auf den Event aufmerksam geworden?
Welcher Vortrag hat Ihnen am besten gefallen?
Welchen Workshop werden Sie besuchen?
Sind Sie länger in der Stadt?

Sobald Sie auf diese Weise dann etwas mehr über den anderen in Erfahrung gebracht haben, finden Sie sicherlich auch Gemeinsamkeiten mit Ihrem Gesprächspartner. Und das ist gut, denn Gemeinsamkeiten verbinden.

BEISPIEL: GEMEINSAMKEITEN VERBINDEN

Ich habe Haustiere: eine Katze, einen Kater und einen kleinen, süßen Havaneser, dem ich keinen Wunsch abschlagen kann. Hundebesitzer kommen beim Gassigehen oft ins Gespräch, denn die Gemeinsamkeit ist offensichtlich: Sie haben beide einen Hund, sind offensichtlich Tierliebhaber. Und schon passt die Beziehungsebene!

Wenn Sie im beruflichen Kontext Kontakte knüpfen, sind Sie beim Small Talk nicht auf Business-Themen beschränkt. Oft sind Interessen außerhalb des Jobs sehr gute Themen, um die Beziehung zum anderen aufzubauen.

Geeignete Small-Talk-Themen
Hobbys und sportliche Aktivitäten
Urlaub und Reiseziele
Autos

Geeignete Small-Talk-Themen
Kinder
Studium, Fort- und Weiterbildung
Aktuelle Themen (siehe jedoch den nächsten Abschnitt)
Komplimente (siehe jedoch den nächsten Abschnitt)
Kleidung
Wetter

Tabuthemen

Ob sich ein Thema für den Small Talk eignet, ist natürlich auch immer von der Situation und Ihrem Gesprächspartner abhängig. Bei den folgenden Themen sollten Sie vorsichtig sein. Sie können der Anlass für sehr kontroverse Diskussionen sein. Man erzielt damit das genaue Gegenteil von dem, was man mit Small Talk erreichen will.

Weniger geeignete Themen
Politik
Religion
Sex und Anzüglichkeiten, so z. B. in Form von unpassenden Komplimenten zur Figur oder zum Aussehen
Sport
Geld

Auch allzu private Themen, wie z. B. Krankheiten oder familieninterne Angelegenheiten wie Scheidung und Trennung, sowie Angriffe und Beleidigungen haben nichts im Small Talk zu suchen. Sport finde ich persönlich, gerade bei Großevents wie der WM, EM oder den Olympischen Spielen nicht unpassend. Vorsichtig sollten Sie jedoch rund um die Unterhaltung zu Fußballvereinen sein. Eingefleischte Fans sehen dies so gar nicht als Small-Talk-Thema, sondern als sehr ernste Angelegenheit.

> Ihr Gegenüber hat eine gänzlich andere Meinung zu einem Thema? Akzeptieren und tolerieren Sie sie. Das ist gleichermaßen wichtig für das Networking wie auch für den Small Talk. Seien Sie nicht rechthaberisch. Besserwisserei kommt gar nicht gut an.

Der Abschluss

Nicht jeder Small Talk muss gelingen. Wenn die Beziehungsebene nicht stimmt, scheitern auch schon mal die versiertesten Small-Talk-Profis an ihrem Gegenüber. Dann heißt es, das Gespräch möglichst ohne Gesichtsverlust für beide Seiten zu beenden.

- Schließen Sie das Gespräch auf jeden Fall höflich und wertschätzend. Bedanken Sie sich für die Zeit, die der andere Ihnen gewidmet hat.

- Vereinbaren Sie, wie Sie verbleiben, wenn Sie den Kontakt trotz des schwierigen Small Talks vertiefen möchten, so z. B. zu beruflichen Zwecken. Tauschen Sie zum Abschluss beispielsweise die Visitenkarten aus.

- Bereiten Sie einen eleganten Ausstieg aus der Unterhaltung vor. Sagen Sie beispielsweise: »Vielen Dank für Ihre Zeit! Ich mache mich jetzt mal auf die Suche nach ... (meinem Kollegen/meinem Chef/dem Buffet etc.)«, oder auch: »Danke für das Gespräch. Oh, es ist schon ... Uhr! Ich muss jetzt zum nächsten Vortrag.«

> Ein eleganter Gesprächsausstieg ist auch bei größeren Events wichtig, bei denen Sie mit möglichst vielen Menschen sprechen möchten.

Sich selbst optimal präsentieren mit dem Elevator Pitch

Immer wenn Sie gefragt werden: »Was machen Sie eigentlich beruflich?«, oder wenn Sie die Möglichkeit haben, sich persönlich vorzustellen, bietet sich ein Elevator Pitch an. Vielleicht kennen Sie diese Methode aus dem Marketing oder aus anderen Bereichen, in denen Konzepte oder Ideen mithilfe von Kurzpräsentationen vorgestellt werden. Sie kommt ursprünglich aus den USA. Der Name ist aus ihrem Sinn und Zweck hergeleitet: Der Präsentierende stellt seine Idee oder sein Konzept (Präsentation = Pitch) nur so lange vor, wie es dauert, mit dem Lift (= Elevator) von der ersten Etage bis zur sechsten Etage zu fahren. Das braucht ca. 30 bis 60 Sekunden.

Ein Elevator Pitch eignet sich für folgende Situationen und Anlässe:

- Netzwerkevents
- Bewerbungsgespräche
- Profile in Social Media
- Kundentermine

- Messen, Kongresse, Meetings

- Projektvorstellungen

- Verkaufs- und Akquisegespräche sowie für sonstige Kundentermine

- Vorträge

- private Gespräche

> 30 Sekunden können sehr kurz, aber auch sehr lang sein. Es kommt
> darauf an, aus welcher Perspektive Sie es betrachten. Sehen Sie Ihren
> Elevator Pitch als Chance und nicht als notwendiges Übel.

Es gibt nicht den einen idealen Pitch. Ihr Elevator Pitch darf und
sollte sich je nach Anlass und Gegenüber immer wieder ändern.
Sie können auch die Länge variieren. Länger als 3 Minuten sollte Ihre Präsentation aber nicht sein.

Wie Sie Ihren Pitch aufbauen

Sie sollten Ihren Pitch so aufbauen, dass Sie ihn je nach Situation und Gegenüber verändern können, er neugierig macht und
Interesse weckt. Unterstützen kann Sie dabei die AIDA-Formel.
Sie wurde ursprünglich für die Entwicklung von Marketingstra-
tegien konzipiert, lässt sich aber auch ganz gut für unsere Zwecke nutzen. AIDA ist ein Akronym, dessen Buchstaben für die
folgenden Schritte stehen:

Die AIDA-Formel	
A	Aufmerksamkeit erzeugen
I	Interesse wecken
D	Desire: Begehrlichkeiten, Verlangen auslösen
A	Action: Handlungsaufforderung

AIDA-Formel

A – Aufmerksamkeit erzeugen

Überlegen Sie sich, wie Sie die Aufmerksamkeit anderer gewinnen können. Vielleicht bietet sich dazu eine kurze Story aus Ihrem Leben, ein Slogan oder eine provokante Frage an? Werden Sie kreativ. Alles ist erlaubt für den Einstieg – nur langweilig darf es nicht sein.

> Beginnen Sie nie gleich mit Ihrem Namen. Wenn wir jemandem zuhören, müssen wir uns zunächst auf dessen Stimme einstellen. Da kann es schon mal passieren, dass wir seine ersten Worte nicht wahrnehmen. Nennen Sie Ihren Namen erst nach dem Intro-Satz.

I – Interesse wecken

Kitzeln Sie das Interesse des anderen wach. Ein Pitch soll neugierig machen. Was ist Ihr Alleinstellungsmerkmal – was machen Sie anders oder besser als andere?

D – Desire: Begehrlichkeiten / Verlangen auslösen

Welchen Nutzen bringen Sie Ihrem Gegenüber? Wie profitiert er von Ihnen? Im besten Fall entsteht hier bei Ihrem Zuhörer eine Sogwirkung: Er will das, was Sie anbieten, haben. Er will mehr darüber wissen oder davon haben.

A – Action bzw. Handlungsaufforderung

Hier leiten Sie die nächsten Schritte ein: Was passiert jetzt? Wie geht es weiter? Möchten Sie einen Termin vereinbaren oder Visitenkarten austauschen oder ein Gespräch unter vier Augen?

Das, was wir als Letztes hören, merken wir uns am besten. Nennen Sie daher ruhig zum Abschluss noch einmal Ihren Namen.

BEISPIELE: ELEVATOR PITCHES

Elevator Pitch von Claudia Girnuweit, ExistenzSchutzEngel:

Stellen Sie sich vor ...

... es ist Sommer – wir haben 28 Grad. Die Sonne kitzelt auf Ihrer Haut. Das Meer rauscht, es riecht nach Salz. Die Möwen kreischen über Ihnen und Ihre Haare wehen im Wind. Sie liegen an Deck eines Schiffes und genießen Ihren Urlaub ... die Wolken schweben ... die Wellen tanzen ... Menschen lachen.

Vor zwei Tagen sind Sie mit der Queen Mary 2 in Southampton in See gestochen und Sie freuen sich auf New York – die Stadt, die niemals schläft. Heute Abend heißt der Kapitän seine Gäste herzlich willkommen – ein festliches Seafood-Dinner mit sieben Gängen aus den sieben Weltmeeren erwartet Sie.

Plötzlich ein Eisberg – es knallt und knirscht ganz furchtbar. Panik, Entsetzen und lautes Geschrei. Eine Sirene heult auf. Alle wollen in die Rettungsboote ... doch da sind keine Rettungsboote! Tränen, Wut ... und die Erkenntnis, dass jetzt alles vorbei ist!

Damit Sie eines Tages nicht OHNE dastehen, empfehlen wir Ihnen:

Rettungsboote baut man vor dem Sturm! Welche Sie brauchen und wie Sie diese »an Bord« bringen, dabei hilft Ihnen gerne Ihr ExistenzSchutzEngel.

Mein Elevator Pitch für W.I.N. Women in Network:

Mit uns können Sie grenzenlos netzwerken!

Meine Berufung ist es, Menschen zu verbinden. Bei W.I.N Women in Network verbinden wir die Frauen der Welt, und das über die Grenzen der Branchen, über die Grenzen Ihrer Stadt und über Ozeane hinaus. Wenn für Sie Kontakte auch Gold wert sind, wenn Sie Empfehlungen für Ihr Business und Ihre Karriere möchten, dann freuen wir uns auf Sie. Wir sind davon überzeugt: Netzwerken ist grenzenlos möglich, auch für Sie.

Tipps für gute Elevator Pitches

- Werden Sie sich über die Ziele Ihres Pitches klar: Was wollen Sie damit erreichen? Wen wollen Sie damit ansprechen? Passen Sie Ihren Pitch den jeweiligen Zuhörern und der Situation an.

- Legen Sie sich mehrere Bausteine für Ihre Kurzpräsentation zurecht, die Sie miteinander kombinieren können.

- Starten Sie nicht mit Ihrem Namen.

- Bleiben Sie authentisch und brennen Sie für Ihre Worte.

- Weniger kann mehr sein. Packen Sie nicht so viel wie möglich in die Präsentation.

- Nutzen Sie Metaphern – erzeugen Sie Bilder in den Köpfen anderer. Sie bleiben besser im Gedächtnis als Worte.

- Erzählen Sie Geschichten. Ihr Gegenüber kann sie besser abspeichern als Fakten.

- Schaffen Sie emotionale Momente für Ihr Publikum.

- Üben Sie Ihren Pitch so oft wie möglich. Er sollte Ihnen so vertraut sein, dass Sie ihn jederzeit abrufen können.

- Testen Sie die Wirkung bei einem Publikum aus vertrauten Personen, die ihnen ehrliches Feedback geben.

- Lesen Sie den Pitch auf keinen Fall ab.

Zum neuen Job dank Networking

Sie sind auf der Suche nach einem neuen Job oder Sie planen, sich in nächster Zukunft umzuorientieren? Investieren Sie nicht nur Zeit in die Ausfeilung Ihrer Bewerbungsunterlagen. Investieren Sie in Ihr Netzwerk! Denn, so meine Überzeugung, nicht derjenige, der die beste Bewerbermappe hat, findet am schnellsten seinen Traumjob, sondern derjenige, der über die besten Kontakte verfügt und daher dem potenziellen Arbeitgeber empfohlen wird.

Jeder Kontakt kann ein potenzieller Empfehlungsgeber für Sie sein. Erzählen Sie ganz vielen Menschen davon, dass Sie eine neue berufliche Herausforderung suchen. Machen Sie das möglichst konkret: Definieren Sie, welchen Job Sie genau suchen und teilen Sie obendrein noch am besten mit, wer Ihre drei Traumarbeitgeber wären. Wenn Ihr Wunsch dann weitererzählt wird, beispielsweise auf Messen, in Gesprächen bei Events oder im Unternehmen, kann es sein, dass Ihre Kontakte genau demjenigen begegnen, der gerade diese Stelle zu besetzen hat, oder jemanden kennen, der jemanden kennt, der bei Ihrem künftigen Arbeitgeber arbeitet.

Sie sehen, auch hier ist ein gutes Netzwerk Gold wert.

Tipps für die Jobsuche via Netzwerk

Konzentrieren Sie sich nicht nur auf Kontakte in Ihrem aktuellen Unternehmen oder in Ihrer Abteilung. Orientieren Sie sich über die Unternehmensgrenzen hinaus. Bleiben Sie beispielsweise in Kontakt mit Kunden und Dienstleistern.

Legen Sie sich professionelle Profile in den sozialen Medien zu. Pflegen Sie beispielsweise in den sozialen Netzwerken XING und LinkedIn die Daten zu Ihrem Lebenslauf und Ihrer beruflichen Erfahrung.

Schärfen Sie Ihren USP. Er muss klar erkennbar sein sowohl in Ihren Profilen in den sozialen Medien, in Ihrem Pitch als auch in Ihren Bewerbungsunterlagen.

Informieren Sie Ihre Kontakte über Ihre Pläne zum Jobwechsel und bitten Sie sie, Sie zu empfehlen.

Besuchen Sie Messen, Kongresse, Tagungen und sogenannte Barcamps, um Kontakte zu knüpfen, auch branchenübergreifend. Wenn Sie dort auch nicht unbedingt Ihren neuen Arbeitgeber treffen, so kommen Sie vielleicht ins Gespräch mit Menschen, die Sie weiterempfehlen.

Stöbern Sie in sozialen Medien, was sich in Ihrer Branche gerade so alles tut und hören Sie bei Unterhaltungen gut zu.

Sprechen Sie selbst für Kollegen/innen Empfehlungen aus.

Wie heißt es so schön? Der Glaube kann Berge versetzen. Glauben Sie daran, dass Networking Ihnen zu einem neuen Job verhelfen wird. Je offener Sie dafür sind, je passender Ihr Mindset ist, desto aktiver werden Sie im Networking sein – und desto mehr wird sich tun.

Warum Empfehlungen so wertvoll sind

»Hast du das schon mal ausprobiert? Ich kann es nur wärmstens weiterempfehlen ...«, »Warst du mal bei dem Seminar von ...? Das ist super!«, »Geh doch mal zu Doktor ... . Der kann dir sicher helfen.« Empfehlungen wie diese sind besonders wichtig, wenn

- es um Dienstleistungen geht, so z. B. auch bei Coachings oder Trainings.
- wir im Beruf oder Privatleben wichtige Entscheidungen treffen müssen.
- wir uns selbst nicht auskennen, weil Neues oder Unbekanntes vor uns liegt.
- wir auf hohe Diskretion und Vertrauen angewiesen sind, so z. B. bei Bankgeschäften oder in Steuer- oder Rechtsangelegenheiten.
- wir vor komplexen Entscheidungen stehen, so z. B. beim Kauf eines Unternehmens oder einer Immobilie.
- wir mit einem großen Geldbetrag in Vorleistung treten müssen, so z. B. bei der Anschaffung von teuren Maschinen.
- wir uns für einen Arbeitgeber entscheiden.
- die Auswahl des Ausbildungsplatzes oder der Uni ansteht.
- unsere Gesundheit davon abhängt, so z. B. bei der Arzt- oder Behandlungswahl.

Werden wir von anderen empfohlen, ist das viel effektiver als klassische Werbung: Empfehlungen sind kostenlose Vorschusslorbeeren und höchstwirksame Werbung. Das bestätigt auch eine Studie des Marktforschungsunternehmens Nielsen aus dem Jahr 2013:

- Zu 80 % vertrauen wir auf Empfehlungen aus dem persönlichen Umfeld.

- Zu 64 % vertrauen wir auf Empfehlungen von Online-Plattformen.

- Zu höchstens 45 % glauben wir allen anderen Werbeformaten.

Es sollte also möglichst viele Menschen geben, die Sie weiterempfehlen.

Wie Sie professionell Empfehlungen aussprechen

Es gibt zahlreiche Möglichkeiten, professionelle Empfehlungen für andere auszusprechen.

- Per E-Mail: Zwei Menschen miteinander in Kontakt bringen können Sie schnell und einfach mit E-Mails. Wollen Sie jemandem einem anderen empfehlen, schreiben Sie beiden eine E-Mail, in der Sie den Anlass für die Empfehlung, den Grund und die Kontaktdaten beider Empfänger festhalten. Dazu sollten Sie von beiden Personen vorab jeweils das Einverständnis einholen.

- In einem persönlichen Treffen: Hier gibt es viele unterschiedliche Varianten. Nutzen Sie dazu Veranstaltungen, Messen oder organisieren Sie hierzu gezielt ein Treffen, beispielsweise eine Einladung zum Lunch.

- In sozialen Medien: Auch hier eröffnen sich je nach sozialem Netzwerk und Portal zahlreiche Möglichkeiten. Senden Sie den Personen, die Sie miteinander verbinden möchten, persönliche Nachrichten oder teilen bzw. retweeten Sie Posts des einen mit einem anderen.

> Egal welche Möglichkeit Sie wählen: Vergewissern Sie sich stets bei demjenigen, dessen Kontaktdaten Sie weitergeben möchten, ob er damit einverstanden ist.

Wie es gelingt, von anderen empfohlen zu werden

- Sie halten Kontakt zu Ihrem Netzwerk, pflegen es und erweitern es kontinuierlich.

- Ihr Netzwerk kennt Ihren Expertenstatus und Ihren USP und weiß, welche Empfehlungen Sie benötigen. Informieren Sie Ihre Kontakte daher am besten konkret über Ihre aktuellen Vorhaben und Pläne.

- Sie zeigen regelmäßig Präsenz und rufen sich so bei anderen immer wieder in Erinnerung, beispielsweise, indem Sie Beiträge in Online- oder Offline-Medien veröffentlichen.

- Profitieren Sie vom Anker-Effekt: Schaffen Sie Merkmale, die andere ganz klar mit Ihnen verbinden.

- Sie empfehlen großzügig andere weiter. Wer selbst Empfehlungen ausspricht, bekommt auch welche in eigener Sache.

- Sie bedanken sich für Empfehlungen. Das zeigt Ihre Wertschätzung gegenüber dem Empfehlungsgeber – er wird es dann gerne wieder tun.

Aha!-Geschichten und Gedankenanstöße

Seit 2011 bin ich im sozialen Netzwerk Facebook aktiv. Dort werde ich auch von vielen gesehen, die ich selbst nicht wahrnehme, denn wir alle haben stille Beobachter. Wie auch diese im Hintergrund in puncto Empfehlungen wirken können, zeigt die folgende kleine Geschichte: Im Mai 2015 schrieb mir auf Facebook Herr R.: »Ich freue mich über unsere Vernetzung durch Frau K.« Ich kannte weder Frau K. noch Herrn R. Was mir aber nichts ausmachte, da ich grundsätzlich ein offener Mensch bin und ich wertungsfreie Vernetzung lebe (siehe hierzu näher das Kapitel »Wie Networking gelingt«). Ich tauschte mich mit Herrn R. aus und lernte ihn und sein Business persönlich kennen. Da er eine PR-Agentin suchte, empfahl ich ihn weiter an einen meiner Kontakte, Frau P. Und auf einem anderen Event im April 2017 lernte ich Frau B. kennen, diese machte ich wiederum mit Frau P. bekannt, weil sie ebenfalls auf der Suche nach einer PR-Agentin war. Die Agentin erzählte Frau B. wiederum von Herrn R. – und vielleicht besteht zwischen diesen beiden mittlerweile ebenfalls eine geschäftliche Verbindung.

Ob das wirklich der Fall ist, weiß ich nicht. Es spielt aber auch keine Rolle. Die Geschichte macht jedenfalls deutlich: Empfehlungen nehmen ihren Weg in der Regel über mehrere Kontakte. Es geht bei ihnen meist um den Kontakt hinter dem Kontakt. So spinnt sich allmählich ein großes Netz an Verknüpfungen.

2013 lernte ich bei einem Seminar Herrn J. kennen. Wir waren uns einfach sympathisch. Die Chemie stimmte zwischen uns, sodass wir uns nie aus den Augen verloren. Seit 2016 bin ich regelmäßig Gast auf einem Netzwerkevent, den Herr J. organisiert. Er empfahl mir die heutigen Kooperationspartner unseres Kongresses und den IWR, den Internationalen Wirtschaftsrat e. V. Dort bin ich seit 2017 aktiv für die Frauenarbeit tätig. Über diese Organisation wiederum wurde mir ein genialer Fotograf empfohlen, der jetzt Geschäftspartner unseres nächsten Kongresses sein wird.

> Die Erkenntnis: Aus einem guten Netzwerk können sich Kooperationen und neue berufliche Chancen ergeben. Ob das passiert, und wie genau, weiß im Hier und Jetzt keiner, allerdings steigen die Chancen mit jedem neuen Kontakt, den man knüpft.

Kontakte wollen gepflegt werden

Das größte Netzwerk hilft nichts, wenn Sie es nicht pflegen. Sie sollten also nicht nur Zeit einplanen, um neue Kontakte zu knüpfen, sondern auch dafür, mit Ihren Kontakten in Verbindung zu bleiben. Je besser Sie vernetzt sind, je mehr Ihr Bekanntheitsgrad sich erhöht, desto gefragter und interessanter werden Sie persönlich als Netzwerkpartner und Ihre Kontakte werden Sie wiederum als Kontakt pflegen.

Je größer Ihr Netzwerk ist, desto schwieriger wird es für Sie, zu jedem den Kontakt zu halten. Doch das müssen Sie auch gar nicht, denn viele Ihrer Kontakte pflegen sich quasi von selbst.

Für die Kontaktpflege können Sie Ihre Kontakte in A-, B- und C- Kategorien einteilen.

- A-Kontakte: Das sind Personen, die nach Ihrem Wissen richtig gut vernetzt sind und die gleichzeitig bereit sind, Ihnen viele Empfehlungen auszusprechen oder/und von denen Sie die meisten Empfehlungen bekommen. Mit diesen Personen sollten Sie regelmäßig Kontakt pflegen. Wie oft und in welchem Abstand Sie das tun sollten, ist von der Art des Kontaktes und davon abhängig, wie Sie miteinander kommunizieren. Heute ermöglichen virtuelle Kanäle es, ganz leicht in Kontakt zu bleiben. Jedoch empfehle ich Ihnen, sich mit diesen Kontakten auch regelmäßig persönlich zu treffen oder zumindest Calls möglich zu machen.

- B-Kontakte: Dazu zählen Personen, die zwar auch gut vernetzt sind, doch (noch) nicht so bereit sind, Empfehlungen auszusprechen. Hier gilt es ab und zu Kontakt aufzunehmen, um das Vertrauen weiter auszubauen, sodass Sie irgendwann auch Empfehlungen von ihnen bekommen.

- C-Kontakte: Dazu zählen alle übrigen Personen. Hier können Sie abwarten, dass diese in Kontakt mit Ihnen treten.

Möglichkeiten, in Kontakt zu bleiben
E-Mail
Soziale Medien
Postkarte
Telefon
Skype Calls
Sich auf Events treffen
Auf Messen verabreden
Gemeinsam Seminare besuchen
Netzwerkevents

No-Gos – das sollten Sie unbedingt vermeiden

Es gibt Tabus, die Sie beim Networking unbedingt vermeiden sollten.

- Mit der Tür ins Haus fallen: Wer gleich zur Sache kommt und sich keine Zeit nimmt, mit dem anderen »warm zu werden« hinterlässt einen uninteressierten und damit denkbar schlechten Eindruck. Bauen Sie immer erst eine Beziehung auf und interessieren Sie sich für den Menschen, ehe Sie geschäftliche Anliegen äußern. Es gilt der Grundsatz: Small Talk vor Business.

- Erst anfangen mit dem Netzwerken, wenn es schon brennt: Wer erst dann Kontakte knüpft, wenn er sie dringend braucht, ist meist zu spät dran. Knüpfen Sie immer wieder neue Kontakte, hören Sie nie damit auf, denn es muss erst eine Vertrauensbasis entstehen, damit Sie dann, wenn Sie Empfehlungen benötigen, auf Ihr Netzwerk zurückgreifen können.

- Nur an sich denken – Netzwerken ist nichts für Egoisten: Netzwerken heißt, sich für andere zu interessieren und Empfehlungen auszusprechen. Wenn Sie nur egoistisch an sich denken, nicht bereit sind, für andere etwas zu tun, werden Sie mit Networking keinen Erfolg haben.

- Schlechte Laune: Wir umgeben uns lieber mit Menschen, die gut drauf sind und positiv denken.

- Unzuverlässigkeit und Unpünktlichkeit: Aus Ihrem Verhalten beim Networking schließen andere auf Ihr Verhalten in Ihrem Business. Sind Sie unzuverlässig und unpünktlich, wenn es um die Kontaktpflege geht, wirkt sich dies negativ auch auf Ihre geschäftliche Reputation aus. Auf Netzwerkpartner müssen Sie sich verlassen können und Ihr Netzwerk erwartet das auch von Ihnen.

- Ideen klauen: Wenn Sie kopiert werden, werten Sie es als Kompliment. Wenn Sie jedoch in Ihrem Netzwerk in den Ruf geraten, ein Kopierer und Ideenklauer zu sein, werden Sie sich nicht beliebt machen.

- Netzwerken mit Verkaufen verwechseln: Es gibt viel zu viele vermeintliche Netzwerk-Events, bei denen kein Networking gelebt wird, wie ich es empfehle, sondern die reine Verkaufsveranstaltungen sind. Networking hat zwar viel mit Verkaufen gemeinsam. Doch Networking ist nicht Verkaufen, sondern es geht dabei darum Empfehlungen auszusprechen.

- Konkurrenzdenken: Jeder, der sich seiner Einzigartigkeit bewusst ist, seinen USP kennt, muss keine Angst vor Konkurrenz haben. Es gibt dann für ihn nur Kollegen und Mitstreiter. Wenn Sie sich in Netzwerken aufhalten, in denen viele das gleiche machen, und Sie Konkurrenzdenken an den Tag legen statt nach dem Prinzip »Leben und leben lassen« zu handeln, werden Sie nicht erfolgreich sein.

- Zu hoher eigener Redeanteil: Werden Sie ein guter Zuhörer. Denn nur wer gut zuhören kann, erfährt viel. Und wie wollen Sie erfahren, was Sie für Ihren Netzwerkpartner tun können, wenn er nicht zu Wort kommt?

- Zu Events anmelden und nicht erscheinen: Wer sich ankündigt und dann nicht kommt, verärgert andere. Zudem wirkt es unprofessionell und unzuverlässig. Melden Sie sich daher nur zu einer Veranstaltung an, wenn Sie wissen, dass Sie wirklich teilnehmen können. Sollte Ihnen ausnahmsweise doch einmal etwas dazwischenkommen, sagen Sie rechtzeitig ab.

- Kontaktanfragen in Social Media ohne Worte: Im realen Leben nutzen Sie bei Ihrer ersten Begegnung auch nette Worte, so gehört es sich auch in virtuellen Medien. Networking ist Kommunikation und benötigt Kommunikation. Schreiben Sie daher immer bei Kontaktanfragen in virtuellen Medien wie beispielsweise XING eine Nachricht zur Anfrage – es sei denn, die Plattform gibt das nicht her, wie z. B. bei Instagram.

- Unprofessionelle Profile in Social Media: Ihre Profile in den sozialen Medien sind Ihre ganz persönliche Visitenkarte im Netz. Halten Sie sie aktuell und gestalten Sie diese so, wie

Sie Ihren Kontakten auch im realen Leben gegenübertreten möchten. Denn Sie wissen ja: »Für den ersten Eindruck gibt es keine zweite Chance.«

- Besserwisserei und angreifende Kritik: Besserwisser machen sich keine Freunde beim Networking. Es gehört auch eine gewisse Akzeptanz und Toleranz dazu. Greifen Sie nie online oder offline andere Personen wegen anderer Meinungen an. Suchen Sie ein Gespräch unter vier Augen, wenn Ihnen eine Auseinandersetzung nötig erscheint.

- Versprechen nicht einhalten: Zusagen sollten Sie einhalten, sonst versprechen Sie es lieber gar nicht erst. Wer sich nicht an seine Versprechungen hält, gilt schnell als unzuverlässig. Vergessen Sie nicht: Ihre Kontakte schließen aus Ihrem Verhalten beim Networking auf Ihr Verhalten im Business.

- Reden Sie nicht schlecht über andere: Lästern gehört einfach nicht zum guten Stil, es bringt die Beteiligten in der Sache nicht weiter und kann Vertrauensverhältnisse nachhaltig zerstören. Zudem geraten Lästerer schnell in den Ruf, über alle und jeden schlecht zu reden.

- Zum Energieräuber werden: Es gibt Menschen, die andere allzu sehr beanspruchen, ihnen mit ihren Angelegenheiten Energie rauben und unnötig Zeit stehlen. Achten Sie darauf, schonend mit den Ressourcen anderer umzugehen. Und meiden Sie umgekehrt Menschen, die Ihre Ressourcen verschwenden.

Auf einen Blick: Mehr Erfolg im Beruf durch Networking

- Heutzutage kommt es auf Sichtbarkeit an. Je prägnanter Sie anderen Ihr Alleinstellungsmerkmal kommunizieren und sich selbst als Marke definieren können, desto besser bleiben Sie in Erinnerung.

- Mithilfe eines guten Elevator Pitches, einer Kurzpräsentation, gelingt es Ihnen, andere von sich zu überzeugen.

- Small Talk ist viel mehr als oberflächliches Geplänkel. Er öffnet Türen, die Ihnen verschlossen bleiben, wenn Sie gleich zur Sache kommen.

- Empfehlungen sind das A und O. Seien Sie großzügig, wenn es um das Weiterempfehlen anderer geht. Empfehlungen sind wie ein Bumerang. Irgendwann kommen Sie zu Ihnen zurück.

- Kontakte nur zu knüpfen, reicht nicht. Um ein gutes Netzwerk aufzubauen, sollten Sie sie auch pflegen.

Netzwerken braucht Strategie, Zeit und Ziele

Was wäre ein Projekt ohne Ziel und ohne Plan? Beim Networking ist es genauso: Sie sollten sich genau überlegen, was Sie damit erreichen wollen und wie Sie dahin kommen können

In diesem Kapitel erfahren Sie unter anderem,

- wie ein Networking-Plan aussehen kann,
- wie Sie Ihre persönliche Netzwerk-Strategie entwickeln,
- warum das richtige Zeitmanagement eine wichtige Rolle spielt.

Ihr Networking-Plan

Sie wollen Ihr Netzwerk ausbauen? Sehen Sie dieses Vorhaben wie ein klassisches Projekt und machen Sie sich einen Plan dafür.

- Für die meisten ist Netzwerken natürlich keine Hauptbeschäftigung. Es ist Mittel zum Zweck. Warum wollen Sie Ihr Netzwerk ausbauen? Welches Ziel verfolgen Sie damit? Früher habe ich zum Beispiel immer den Anspruch gehabt, so viel wie möglich Gespräche zu führen, heute lege ich eher Wert auf die Qualität, und dass ich die für mich wichtigen Menschen spreche.

- Welche Kontakte brauchen Sie, die Sie persönlich weiterbringen?

- Welche Social-Media-Kanäle wollen Sie dafür nutzen? Soll es beispielsweise ein eigener Blog sein oder reicht Ihnen XING bzw. LinkedIn?

- In welche Netzwerke möchten Sie sich aktiv einbringen? Überlegen Sie, in welchem Netzwerk Sie die passende Zielgruppe finden könnten. Suchen Sie beispielsweise eher ein Netzwerk mit Studenten, Karrierefrauen oder eher mit Unternehmerinnen?

- Welche Netzwerkevents möchten Sie besuchen?

- Wie viel Geld sind Sie bereit zu investieren? Kosten fallen beispielsweise für Kongresse, Mitgliedsbeiträge oder Reisekosten und Spesen an.

- Wie viel Zeit und wie viel Arbeitsaufwand möchten Sie in Ihre Aktivitäten stecken?

- Welche Empfehlungen benötigen Sie aktuell?

Fragebogen: Um wen wollen Sie Ihr Netzwerk erweitern?	
Lassen Sie bei den Antworten zu diesen Fragen Ihren Ideen freien Lauf. Sie sind von jedem Kontakt auf der Welt nur sechs Kontakte entfernt. Alles ist möglich. Denken Sie groß.	
Welche zehn Menschen möchten Sie unbedingt persönlich kennenlernen?	
Welche zehn Social-Media-Kontakte möchten Sie zu persönlichen Kontakten machen?	
Zu welchen zehn Unternehmen möchten Sie Kontakt herstellen?	
Zu welchen zehn ... (Zeitschriften/Verlagen/Medien) möchten Sie Kontakt knüpfen?	

In sechs Schritten zu Ihrer ganz persönlichen Networking-Strategie

1. Stellen Sie den Status quo fest: Jeder von uns hat ein bestehendes Netzwerk. Machen Sie es sich bewusst, indem Sie eine Liste all derer aufstellen, die Sie kennen und die Sie bei dem von Ihnen definierten Ziel (siehe oben) unterstützen können. Das können berufliche Kontakte sein, das können Mitglieder Ihres Vereins sein, das können Verwandte oder Nachbarn sein. Schreiben Sie auch solche Kontakte auf, die nur ganz entfernt

mit Ihrem Ziel zu tun haben. Sie können nie wissen, wer Sie letztlich zur entscheidenden Empfehlung führt.

2. Entwickeln Sie Elevator Pitches: Kurzpräsentationen zu Ihrer Person und Ihrer Expertise sind die wichtigsten Türöffner für Ihre Network-Aktivitäten sowohl online als auch offline. Wichtig ist, dass ein solcher Elevator Pitch Ihre Botschaft für die Welt transportiert, dass er neugierig macht und Begehrlichkeiten weckt. Arbeiten Sie dabei mit Metaphern und erzählen Sie Geschichten, die andere begeistern.

3. Optimieren Sie Ihre Präsenz in Online- und Offline-Medien: Dank Ihres Networking-Plans (siehe oben) wissen Sie, welche Medien Sie am besten bespielen sollten, um Ihre Networking-Ziele zu erreichen. Ihr Auftritt in der Öffentlichkeit, also in sozialen Medien, auf Online-Portalen, bei Events oder/und Veranstaltungen sollte so professionell wie möglich sein, Ihren USP transportieren, Wiedererkennungswert schaffen und zu Ihrer Marke passen. Ihre Social-Media-Profile sind Ihre Online-Visitenkarte. Gestalten Sie sie entsprechend. Dazu gehören professionelles Bildmaterial und passende Texte. Bei gedruckten Informationen wie Visitenkarten oder Flyern sollten Sie auf hochwertige Ausführung achten. Je besser und wertiger sie gestaltet sind, desto höher ist die Garantie, dass sie nicht im Papierkorb landen. Es gilt hier das Prinzip: Klasse geht vor Masse.

> Auch wenn Sie nicht selbstständig sind, machen hochwertige Visitenkarten und professionelle Social-Media-Profile Sinn. Die Recherche zu Bewerbern im Netz ist mittlerweile wohl Standard in den Unternehmen.

4. Integrieren Sie das Networking in Ihren Alltag: Machen Sie das Netzwerken zu einer Selbstverständlichkeit. Sie telefonieren mit einem Kunden, der für seinen Sohn einen Praktikumsplatz sucht? Gehen Sie gedanklich Ihre Kontakte durch, vielleicht finden Sie den richtigen Ansprechpartner für ihn. Eine Bekannte findet einfach keine Aushilfe für ihr Büro? Vielleicht kennen Sie jemanden und können ihr weiterhelfen? Sie sind auf einem Kongress? Ihr Sitznachbar freut sich sicherlich über einen kleinen Small Talk in der Pause zwischen zwei Vorträgen. Es gibt unzählige Varianten, Kontakte zu knüpfen und Menschen miteinander zu verbinden. Netzwerken hört nie auf. Je stärker Sie es als Selbstverständlichkeit in Ihren Alltag integrieren, desto mehr werden Sie es tun, ohne darüber nachzudenken.

5. Pflegen Sie Ihre Kontakte: Suchen Sie immer wieder das Gespräch mit bestehenden Kontakten. Informieren Sie Ihr Netzwerk, welche Empfehlungen für Sie gerade wichtig sind. Nutzen Sie die sozialen Medien für die Kontaktpflege. Dort ist es mit wenig Aufwand und Zeiteinsatz möglich, permanent Präsenz zu zeigen. Schaffen Sie selbst Gelegenheiten, wie man mit Ihnen in Kontakt kommt, und nutzen Sie die Chancen, die Ihre Kontakte bieten. Finden Sie dafür Ihren ganz eigenen Weg und machen Sie vor allem nur das, woran Sie Spaß haben. Nehmen Sie Kontakt zu denjenigen auf, die lange nichts von Ihnen gehört haben. Geben Sie Ihnen ein Update zu Ihrer Person. Fragen Sie bei Ihren bestehenden Kontakten nach, was Sie für sie tun können.

6. Handeln Sie nach dem Geben-Geben-Bekommen-Prinzip: Sprechen Sie Empfehlungen für Ihre Kontakte aus, ohne die

Erwartungshaltung, etwas dafür in retour zu bekommen. Bringen Sie Menschen zusammen, die zusammenpassen. Wenn Sie das Netzwerken leben und andere weiterempfehlen, wird es sich letztlich auch für Sie auszahlen.

Machen Netzwerkorganisationen Sinn?

Natürlich benötigen Sie für Ihre Networking-Aktivitäten keine Netzwerkorganisation, keinen Verein oder Club. Doch sich in solche Zusammenschlüsse einzubringen, kann durchaus Sinn machen, vorausgesetzt, es passt zu Ihnen und zu Ihren Werten und Zielen. In diesen Organisationen kommen Menschen mit gleichen Interessen zusammen.

Wie Sie für sich passende Netzwerke/Communitys finden
Fragen Sie Freunde, Netzwerker, Geschäftspartner, Kollegen.
Suchen Sie im XING- oder LinkedIn-Portal nach passenden Gruppen.
Informieren Sie sich bei Berufsverbänden.
Besuchen Sie die Events einer Community, um herauszufinden, ob Ihnen die Menschen sympathisch sind und die Werte und das Konzept gefallen.

Wie bei allen anderen Netzwerkaktivitäten gilt auch hier: Nur wer sich aktiv einbringt, wird sichtbar und profitiert letztlich davon. Ohne Engagement funktioniert es nicht. Denn nur wer selbst aktiv ist, wird letztlich selbst die passenden Empfehlungen ernten können.

Wer allein arbeitet, addiert, wer gemeinsam arbeitet, multipliziert.

Das richtige Zeitmanagement

Netzwerken braucht Zeit, und zwar in zweierlei Hinsicht:

- Sie müssen sich dafür Zeit nehmen.
- Es dauert seine Zeit, bis es erste Früchte trägt.

Sich Zeit nehmen

Damit das Netzwerken Sie auf Ihrem ganz persönlichen Erfolgs-weg unterstützen kann, müssen Sie bereit sein, Zeit dafür zu investieren. Sie brauchen Zeit, um an Events teilzunehmen, Zeit für Telefonate, E-Mails und persönliche Gespräche. Leichter wird es Ihnen fallen, feste Zeitfenster dafür einzuplanen, wenn Sie erkennen, wie wichtig Netzwerken ist, wie es Ihnen das Leben, Ihr Business und Ihren Karriereweg leichter machen kann.

Ich empfehle Ihnen, die Netzwerk-Aktivitäten in Ihren Alltag zu integrieren. Man könnte auch sagen: »Netzwerken Sie by the way«. Mir ist es mittlerweile so selbstverständlich, dass es mir gar nicht mehr gelingt, es *nicht* zu tun.

Netzwerken geht immer und überall: in der Bahn, im Flugzeug, im Wartezimmer, in der Mittagspause, im Fitnessstudio, im Su-permarkt und auf privaten Feiern, um nur einige wenige Bei-spiele zu nennen.

Geduld haben

Empfehlungen, die aus Ihren Netzwerkaktivitäten resultieren, werden sich nicht auf Knopfdruck einstellen; es wird eine Zeit dauern. Wie lange das sein wird, wird einerseits von Ihren Aktivitäten abhängen und andererseits von der Qualität Ihrer Kontakte. Eine meiner Netzwerkpartnerinnen hat einmal einen sehr schönen Vergleich gebracht: Wenn Sie heute einen Apfelbaum pflanzen, können Sie auch nicht bereits morgen Äpfel ernten. Und auch nächstes Jahr noch nicht. Es wird zwei oder drei Jahre dauern. So ähnlich ist es auch beim Netzwerken. Erst müssen Sie säen, dann Geduld haben, um schließlich ernten zu können.

Beginnen Sie jetzt!

Bis Sie die ersten Empfehlungen von Ihren Kontakten kommen, dauert es. Beginnen Sie daher so zeitig wie möglich damit, Ihr persönliches Netzwerk aufzubauen und zu pflegen. Idealerweise haben Sie als Schüler, Student oder Auszubildende damit angefangen, ein richtig gutes Netzwerk zu knüpfen.

Das haben Sie nicht? Kein Problem – für ein gutes Netzwerk ist es nie zu spät. Fangen Sie genau jetzt damit an. Machen Sie sich einen Plan und legen Sie los!

Auf einen Blick: Netzwerken braucht Strategie, Zeit und Ziele

- Sie wollen Ihr Netzwerk ausbauen? Planen Sie dieses Vorhaben wie ein klassisches Projekt. Setzen Sie sich klare Ziele und entwickeln Sie eine für Sie passende Networking-Strategie. Das hilft dabei, dran zu bleiben und sich nicht zu verzetteln.

- Gemeinsamkeiten verbinden. In Communitys, Gruppen oder Clubs finden Sie Menschen, die Ihre Interessen teilen.

- Networking trägt nicht von heute auf morgen Früchte. Haben Sie Geduld. Irgendwann kommt von den Kontakten Ihrer Kontakte vielleicht die Empfehlung, die sich als Erfolgsturbo für Ihre Karriere entpuppt.

Finden Sie Ihre Social-Media-Strategie

Die Qual der Wahl: Es gibt mittlerweile unzählige soziale Netzwerke und Portale im Internet, über die es sich prima Kontakte knüpfen und pflegen lässt.

In diesem Kapitel erfahren Sie unter anderem,

- welche Plattform die richtige für Sie ist,
- wie Sie Ihre ganz eigene Social-Media-Strategie finden,
- welche Tools Ihnen eine Menge Zeit bei der Pflege Ihrer Accounts ersparen.

Soziale Medien: ein Eldorado für Networker

Kontakte zu knüpfen war schon möglich, als es noch kein Telefon, kein Internet und keine Smartphones gab. Heute ist Networking jedoch dank sozialer Medien und allem, was damit zusammenhängt, viel einfacher geworden. Ich selbst liebe das Netzwerken via soziale Medien, allerdings nutze ich es als zusätzliche Chance und nicht als einzige Möglichkeit, Kontakt zu anderen herzustellen und zu halten. Und genau dies empfehle ich Ihnen auch. Immer wieder beobachte ich, dass Netzwerker nur noch virtuell unterwegs sind und alle anderen Möglichkeiten brachliegen lassen. Meine Philosophie ist es, verschiedene Medien und Kontaktaufnahmemöglichkeiten miteinander zu verknüpfen. Wie so oft, gilt auch hier: Der richtige Mix macht`s.

Wandeln Sie persönliche Kontakte in virtuelle und virtuelle Kontakte in persönliche! Wenn Sie Online-Kontakte persönlich treffen, können Sie

- die Beziehungsebene ausbauen,
- sich noch besser kennenlernen,
- Vertrauen aufbauen.

Und all das wird zu noch mehr Empfehlungen führen.

Sich mit persönlichen Kontakten auch online zu vernetzen, hat folgende Vorteile:

- Sie können so leichter in Kontakt bleiben und sich nicht so leicht aus den Augen verlieren.

- Sie sind immer auf dem Laufendem über die Aktivitäten des anderen.

- Sie bleiben beim anderen präsent.

Aus meiner Sicht schaffen Social-Media-Plattformen virtuelle Räume, um miteinander zu kommunizieren – genauso, wie wir es machen, wenn wir uns persönlich in einem Raum treffen. Über diese Kanäle kann man Menschen kennenlernen, die man im realen Leben nie treffen würde. Sie ermöglichen den Wissens- und Informationsaustausch, die Suche nach alten Kontakten, um sie zu reaktivieren. Sie können Menschen wiederfinden, die Sie eventuell aus den Augen verloren haben. Man kann über die sozialen Medien ganz unkompliziert neue Kontakte knüpfen und bestehende pflegen.

> Social Media haben die Welt viel kleiner gemacht: Netzwerken mit Menschen auf der ganzen Welt ist damit sehr einfach geworden. Nutzen Sie diese Chance.

Soziale Medien bringen Menschen zusammen, die sich im realen Leben nie begegnen würden, vorausgesetzt, Sie lassen es zu, und sind offen für neue Freunde, Kontakte und Follower. Sie können via Social Media wunderbar Kontakt zu Menschen halten, auch wenn diese gerade am anderen Ende der Welt sind. Sie bleiben immer auf dem aktuellen Stand über deren Aktivitäten. Kontakte lassen sich dank Smartphones und Apps mal schnell unterwegs auf Reisen pflegen oder in der Mittagspause im Restaurant.

Social Media	
Chancen für Selbstständige	
Marketing-Instrument	Markenbranding
	Personalbranding
	Produktmarketing
	Marktforschung
Kommunikations-instrument	Kundengewinnung
	Kundenbindung
	Kundenservice
	Kundensupport
	Weiter- und Fortbildung
	Informationsquelle
Recruiting-Instrument	Mitarbeitersuche
	Mitarbeiterbindung
Chancen für Führungskräfte	
Eigenmarketing-Instrument	Branding der Marke »Ich«
	Steigerung des Bekanntheitsgrads
Kommunikations-instrument	Austausch mit Kollegen
	Marktbeobachtung
	Informationsquelle
	Weiter- und Fortbildung
Recruiting-Instrument	Arbeitgeber finden und von Arbeitgebern gefunden werden

Social Media	
Chancen für Unternehmen	
Marketing-Instrument	Markenbranding
	Personalbranding
	Produktmarketing
	Marktforschung
Kommunikations-instrument	Kundengewinnung
	Kundenbindung
	Kundenservice
	Kundensupport
	Weiter- und Fortbildung
	Informationsquelle
Recruiting-Instrument	Mitarbeitersuche
	Mitarbeiterbindung
Chancen für Angestellte	
Eigenmarketing-Instrument	Branding der Marke »Ich«
	Steigerung des Bekanntheitsgrads
Kommunikations-instrument	Austausch mit Kollegen
	Marktbeobachtung
	Informationsquelle
	Weiter- und Fortbildung
Recruiting-Instrument	Arbeitgeber finden und von Arbeitgebern gefunden werden

Viele meiner heutigen Geschäftspartnerinnen, Kunden und Freundinnen habe ich über soziale Medien kennengelernt, so auch Claudia Girnuweit, heute Franchisenehmerin für meine Community in Deutschland. Im März 2011 schickte sie mir eine persönliche Nachricht über XING, die ungefähr so lautete: »Hallo Frau Polk, ich sehe, Sie sind eine aktive Netzwerkerin. Ich möchte mein persönliches Netzwerk ausbauen und mich gerne mit Ihnen verbinden.« Was wir dann auch gemacht haben. Einen Monat später trafen wir uns persönlich und ich habe Claudia von unserer Community W.I.N Women in Network erzählt. Als sie sich eine erste Veranstaltung angeschaut hatte, war sie sofort begeistert. Sie wurde aktives Mitglied bei W.I.N und hat die W.I.N Gruppe in Stuttgart aufgebaut. 2014 hat sie die Leitung W.I.N Süddeutschland übernommen und seit 2017 ist sie Franchise-Partnerin W.I.N Deutschland.

Ich finde es großartig, was sich da aus einer einzigen Nachricht via XING entwickelt hat. Einige werden jetzt vielleicht sagen: »Das ist doch Glücksache.« Dieser Meinung bin ich nicht. Glück hat aus meiner Sicht nur der Tüchtige und derjenige, der Chancen erkennt. Und ich habe für mich 2007 eine ganz große Chance in den Sozialen Medien erkannt.

Welche Plattform ist die richtige für Sie?

Es gibt mittlerweile viele, viele Social-Media-Plattformen und es kommen ständig neue hinzu. Sie haben also die Qual der Wahl: Finden Sie heraus, welche davon zu Ihnen und zu Ihren persönlichen Zielen passt. Um es Ihnen leichter zu machen, habe ich im Folgenden zusammengefasst, welche Highlights welche Plattform zu bieten hat, welche Zielgruppen Sie darüber erreichen und wie ich sie persönlich nutze.

Relevanz der Plattformen nach Anzahl der Nutzer pro Monat – Auszug (Quelle: Statista 2018)

XING

XING ist eine Businessplattform mit etwa 14 Millionen Nutzern. Sie werden dort Unternehmerinnen, Akademiker, Führungskräfte, Angestellte, Recruiter, Personal- und Finanzdienstleister aus dem deutschsprachigen Raum finden.

Die Highlights:

- Sie können sich dort mit Ihrer Expertise präsentieren, vorausgesetzt, Sie haben ein professionelles Profil erstellt. Nutzen Sie dazu auch das Portfolio, das Sie mit Fotos, Videos, Text und PDFs für eine umfassende Präsentation füllen können.

Profildaten eingeben bei XING

- Die erweiterte Suche ist das Highlight von XING, die es in dieser Form bei keiner anderen Plattform gibt. Dort können Sie ganz konkret nach Menschen, Unternehmen z.B. in Ihrer Stadt oder Region, konkreten Ansprechpartnern in Firmen oder Experten suchen. Sie selbst können dort natürlich auch von anderen gefunden werden. Damit das leichter gelingt, hinterlegen Sie bei »Ich suche« und »Ich biete« aussagekräftige Schlagwörter, nach denen Ihre Zielgruppe sucht.

- Sie können kostenfrei Events ankündigen und Kontakte dazu einladen.

- Über 90.000 XING-Gruppen ermöglichen Ihnen den Austausch zu Fachthemen. Sie können auch jederzeit eine eigene Gruppe erstellen.

LinkedIn

Diese Plattform ist weltweit das größte soziale Netzwerk für Berufstätige mit über 500 Millionen Mitgliedern, davon etwa 10 Millionen in Deutschland und in 200 weiteren Ländern. Viele Konzerne und international tätige Unternehmen setzen auf die Rekrutierungs-, Marketing- und Vertriebslösungen von LinkedIn. Hier finden Sie Angestellte, Führungskräfte, Geschäftsführer, Unternehmer, Unternehmen, Akademiker. Immer mehr Experten und immer mehr Mitarbeiter aus international tätigen Konzernen und Unternehmen sind hier aktiv.

Die Highlights:

- Nutzen Sie LinkedIn, um weltweit berufliche Kontakte zu knüpfen und zu pflegen.
- Sie haben die Möglichkeit, direkt auf der Plattform zu bloggen.
- Das Profil können Sie in mehreren Sprachen erstellen.

Facebook

Facebook ist der Platzhirsch unter den sozialen Netzwerken mit weltweit rund 2 Milliarden monatlichen Nutzern. In Deutschland sind es um die 30 Millionen Aktive pro Monat. Über 90 Prozent aller Unternehmen sind auf Facebook präsent. Allein daran lässt sich schon die Relevanz der Plattform sowohl für Unternehmen als auch für Privatpersonen messen.

Sie können auf Facebook folgende Profile einrichten:

- Personenprofil

- Unternehmensseiten

- Gruppen

Wie Sie als Privatperson von Facebook profitieren

Wenn Sie planen, sich beruflich zu verändern, können Aktivitäten auf Facebook durchaus hilfreich sein, um darüber Empfehlungen zu bekommen. Doch auch wenn Sie keine Wechselabsicht haben, können Sie Ihre Expertise auf Ihrem Gebiet durch entsprechende Facebook-Beiträge zeigen. Beachten Sie dabei jedoch: Auch wenn Ihre Posts nur für »Freunde« sichtbar sind, sollten Sie lediglich das posten, was zur Not auch Ihr zukünftiger Chef oder ein Kunde sehen dürfte. Sie wissen schließlich nie, wer mit wem bekannt ist. Das Internet hat ein sehr gutes Gedächtnis – unliebsame Beiträge wieder aus dem Netz zu bekommen, ist gar nicht so einfach, auch wenn es mittlerweile das Recht auf Löschung, das sog. Recht auf Vergessenwerden, gibt.

Wie Unternehmer und Freiberufler von Facebook profitieren

Unternehmensseiten auf Facebook sind ein virtuelles Schaufenster für Ihre Firma, das verglichen mit dem Mehrwert, den es für Sie und Ihr Unternehmen bringen kann, relativ wenig kostet.

Zeigen Sie auf diesen Seiten Ihre Kompetenz. Bieten Sie Tipps und Service über Ihre Fanpage an. Fanpages wollen gepflegt sein. Es macht keinen guten Eindruck, wenn sich dort wochen-

oder sogar monatelang nichts tut, es also keine neuen Posts gibt. Machen Sie sich einen Plan, wer wann welche Beiträge postet. Stellen Sie sicher, dass personelle Kapazität dafür vorhanden ist und die Zuständigkeiten geklärt sind. Beauftragen Sie Mitarbeiter mit der Pflege dieser Seiten, die Social Media lieben und leben. Nur so werden Sie wirklich damit Erfolge erzielen. Ein hervorragendes Instrument, neue Kontakte zu knüpfen, sind Gruppen, die Sie bei Facebook gründen können. Sie bieten die Möglichkeit, mit Ihren Kunden, Interessenten und Fans zu kommunizieren.

> Wer eine Gruppe ins Leben ruft, braucht dafür einen oder mehrere Moderatoren, und es sollten Regeln aufgestellt werden, die besagen, was die Mitglieder dürfen und was nicht.

Machen Sie Ihre Mitarbeiter zu Botschaftern für Ihr Unternehmen. Das ist denkbar einfach: Sie müssen dazu nur ihr Facebook-Privatprofil mit dem Unternehmensprofil verlinken.

Meine Facebook-Strategie

Für Selbstständige, die weniger als zehn Mitarbeiter haben, könnte meine Facebook-Strategie interessant sein. Ich habe ein Personenprofil, für jede meiner »Marken« eine Unternehmensseite und mehrere Gruppen.

- **Personenprofil:** Dieses Profil ist bei mir gestaltet wie ein persönliches Tagebuch, das öffentlich einsehbar ist. Meine »Freunde« finden dort Infos darüber, was ich gerade mache, wo ich gerade bin und welche privaten Interessen ich habe. Hier lasse ich sie an meinem Leben teilhaben. Und ich kommuniziere dort alles, was jeder wissen darf. Das schafft Nähe und Vertrauen und zeigt meine Persönlichkeit.

Das Personenprofil habe ich mit meinen Unternehmensseiten verbunden, sodass Sie ganz bequem von meinem Personenprofil zu meinen Unternehmensseiten gelangen.

> Viele scheuen ein Privatprofil, weil sie es mit Privatsphäre gleichsetzen. Sie selbst entscheiden, wie viel Sie dort preisgeben und wie weit Sie die Welt in Ihr Privatleben blicken lassen. Ich veröffentliche dort nur Infos, die jedermann über mich wissen darf. Alles, was nur meiner Familie, meiner allerbesten Freundin vorbehalten ist, gehört hier nicht hin.

In Personenprofilen sind seitens Facebook nur maximal 5.000 Freunde erlaubt. Ich prüfe daher ab und an, wer wirklich aktiv ist und mit mir auch wirklich via Facebook kommuniziert.

- **Unternehmensseiten:** Aktuell habe ich für jede meiner »Marken« Unternehmensseiten und jede hat ihre eigene Strategie. Es gibt auch eine Strategie, die seitenübergreifend ist. Ich biete den Fans auf diesen Seiten Content mit Mehrwert, gebe ihnen Einblick in die Marken und unser Unternehmen. Für Service-Fragen stehe ich dort jederzeit Rede und Antwort.

- **Gruppen:** In den Gruppen findet die echte Kommunikation mit und unter Interessenten, Kunden, Fans und Freunden statt. Sie verbinden Menschen mit gleichen Interessen, Zielen, Themen und Herausforderungen – was Gemeinsamkeit schafft. Wir steuern die Aktivitäten in den Gruppen mit verschiedenen Aktionen. Das schafft für alle Gruppenmitglieder einen Mehrwert: Sie können dort miteinander kommunizieren und sich austauschen. Sie erhöhen ihre Sichtbarkeit und können ihr persönliches Netzwerk erweitern. Und das geht ganz leicht und nahezu automatisch, wenn jedes Gruppenmitglied aktiv andere Netzwerker in die Gruppe einlädt.

Welchen Mehrwert eine Gruppe bringt, hängt einerseits viel vom Moderator ab, und andererseits vom aktiven Beitrag der Mitglieder. Führen Sie sich immer wieder vor Augen: Beim Networking wird jeder letztlich nur das ernten, was er selbst einbringt.

Instagram

Instagram ist eine Plattform, auf der Sie Videos und Fotos und Ihre Gedanken dazu mit anderen teilen können. Hier läuft ganz viel über Visualisierungen: Bilder und Videos stehen im Vordergrund.

Instagram ist zurzeit die am stärksten wachsende Plattform. Sie hat weltweit eine Milliarde Nutzer, 15 Millionen sind dort in Deutschland monatlich aktiv. Mit Instagram lässt sich Ihr Bekanntheitsgrad steigern, Ihre »Marke« branden. Der Dienst ist hervorragend für das sog. Influencer Marketing geeignet. Influencer kann jeder sein, der ein großes Netzwerk hat und meinungsbildend für eine Community ist. Vor allem Künstler und Designer profitieren von einer Präsenz auf Instagram. Dort erreichen Sie auch besonders die junge Zielgruppe.

Ich persönlich nutze das stark an Bedeutung zunehmende Instagram als zusätzliche Möglichkeit, um meine »Marke« noch bekannter zu machen. Hier erreiche ich ein anderes Publikum als auf Facebook.

WhatsApp und Facebook Messenger

Ob man den Kurznachrichtendienst WhatsApp oder Facebook-Messenger für Nachrichten nutzt, ist Geschmackssache. Die Funktionen sind vergleichbar und beide Dienste gehören mittlerweile zu Facebook. Mithilfe der Apps können Sie über Ihr Smartphone kurze Nachrichten an andere senden, und zwar im Gegensatz zum SMS-Dienst kostenlos.

Die Messenger sind zur schnellen, kurzen individuellen Kommunikation sehr gut geeignet. Noch haben die Nachrichten über diese Dienste nicht die E-Mail abgelöst, doch ich denke, in der Zukunft wird das der Fall sein. Es gibt bereits Studien, die belegen, dass die Öffnungsraten bei Messenger-Nachrichten größer sind als bei E-Mails.

Für das Networking sind vor allem die Gruppen spannend, die Sie dort einrichten können. Sie können Ihre Nachrichten dann ganz komfortabel an eine Gruppe ausgewählter Kontakte senden. Dann müssen Sie nicht jeden Einzelnen anschreiben.

> Achten Sie jedoch darauf, Gruppen nicht mit allzu viel Nachrichten zu überfrachten. Das kommt nicht gut an. Beschränken Sie sich auf Infos, die für die Gruppe wichtig sind.

Snapchat

Snapchat, eine Kreuzung aus Messenger-Dienst und sozialem Netzwerk integriert in eine Foto- und Video-App, ist vor allem bei Teenagern und jüngeren Erwachsenen sehr beliebt. 78 % der Nutzer von Snapchat sind unter 25 Jahre alt.

Aktuell nutzen täglich über 180 Millionen weltweit diesen sog. Instant-Messenger-Dienst, mit dem sich Bilder oder kurze Videos als Nachricht an Freunde versenden oder öffentliche Stories erstellen lassen. Die Stories sind in der Regel 24 Stunden sichtbar, die Nachrichten löschen sich nach kurzer Zeit selbst.

Snapchat eignet sich gut für das Networking, wenn es mal schnell gehen muss und man nicht viel Zeit hat.

Pinterest

Pinterest ist eine digitale Pinnwand, auf der registrierte Nutzer interessante Bilder, Videos und Texte für andere posten und für sich selbst sammeln können. Die Plattform hat weltweit 250 Millionen Nutzer pro Monat. Mit Klick auf die Pins gelangt man direkt zur Webseite, von der das Bild stammt. Wer dort aktiv ist, kann Interessierte also gut auf seine Webseiten locken. Die Plattform wird von Usern vorrangig als Suchmaschine für Lifestyle-Inhalte genutzt. Haben Sie sich auf diese Themen spezialisiert, sollten Sie dort aktiv sein.

Twitter

Twitter ist ein sog. Microblogging-Dienst und gehört mit etwa 330 Millionen Nutzern zu den größten Social-Media-Plattformen. Wie Twitter funktioniert und welche Wirkung die kurzen Botschaften, Tweets genannt, mit maximal 280 Zeichen haben können, weiß seit dem Twitter-affinen US-amerikanischen Präsidenten Donald Trump wohl inzwischen jeder. Der Dienst wird immer beliebter, wenn es um Kommunikation und Selbstmarketing geht. Twitter eignet sich hervorragend für das schnelle Marketing in eigener Sache. Es ist die Plattform, die Ihnen am raschesten die neuesten Informationen liefert.

13 Tipps für Twitter

1. Produzieren Sie Inhalte mit Mehrwert.
2. Wecken Sie Interesse durch Bilder und Live-Videos.
3. Integrieren Sie Links in die Tweets, damit der User über sie zu weiteren Informationen gelangt.
4. Teilen Sie die Tweets anderer. Nur wenn Sie selbst retweeten, werden andere das auch für Sie tun.
5. Tweeten Sie zu Uhrzeiten, zu denen die meisten Follower online sind. Das ist in der Regel von 8 bis 10, von 11 bis 13 und von 16 bis 19 Uhr der Fall.
6. Nutzen Sie OrgaApps wie Buffer und Hootsuite, mit deren Hilfe Sie Ihre Tweets und Posts auf anderen Portalen planen und aufeinander abstimmen können.
7. Veröffentlichen Sie einen interessanten Tweet häufiger, jedoch nicht zu oft. Er sollte möglichst viele erreichen, Ihre Follower aber nicht langweilen.

13 Tipps für Twitter

8. Aktivität ist gefragt – zeigen Sie Präsenz durch Retweets, Likes, Kommentare. Nur wer gibt, wird bekommen – dieser Grundsatz gilt auch für Twitter.

9. Bedanken Sie sich für Retweets bei anderen.

10. Integrieren Sie Hashtags, also Schlagworte, in Ihre Tweets, damit andere die Inhalte leichter finden.

11. Bauen Sie sich eine Twitter-Community auf, indem Sie anderen folgen, deren Beiträge liken, retweeten und mit den Followern in den Austausch gehen. Nutzen Sie hierzu auch die Möglichkeit, via Twitter persönliche Nachrichten zu senden.

12. Schaffen Sie Kommunikation, so z. B., indem Sie Ihrer Community Fragen stellen.

13. Verwenden Sie Emojis, also Piktogramme wie Smileys, in Ihren Tweets. So unterstreichen Sie Ihre Aussagen und füllen sie mit Emotionen.

Ich selbst nutze Twitter:

- um mit meinen internationalen Kontakten in Verbindung zu bleiben,

- für das Blogmarketing – so erfahren mehr Follower von meinen Blogbeiträgen. Hierzu setze ich einfach einen Link mit einem kurzen Text zu meinem Blog in einen Tweet.

- für meine Medien- und Pressearbeit.

- für mein Eventmarketing, indem ich in den Tweets Links zur Landingpage meiner Veranstaltungen setze.

- zur Echtzeitkommunikation. So berichte ich via Tweets beispielsweise live direkt von Veranstaltungen.

YouTube

Videos haben in den letzten zwei Jahren extrem an Bedeutung gewonnen. Wer sie für sich nutzt, erzielt wesentlich mehr Reichweite als mit Wortbeiträgen. Sie können über Videos Ihr Wissen transportieren, Ihre Marke branden, Ihren Bekanntheitsgrad steigern und mit Ihren Fans in Kontakt bleiben. Was ich ganz persönlich an Videos schätze, ist, dass man damit viel Wissen mit wenig Zeitaufwand teilen kann.

Während es vor zehn Jahren noch das professionelle Imagevideo war, lieben die User heute authentische Live-Videos, die Sie ganz einfach und in guter Qualität mit dem Smartphone erstellen können.

YouTube ist die bedeutendste Social-Media-Plattform, wenn es darum geht, mit anderen Videobeiträge zu teilen. Hier können Sie sich einen oder mehrere Kanäle einrichten und dort Ihre Videos platzieren. Da YouTube zu Google gehört, hat die Platzierung von Videos eine große Auswirkung auf Ihr Ranking in der derzeit größten Suchmaschine des Internets. Je mehr Videos Sie dort veröffentlichen, desto weiter nach oben rutschen Sie in den Suchergebnislisten von Google.

Der Community-Gedanke spielt bei YouTube zwar nicht so eine große Rolle. Zum Netzwerken eignet sich die Plattform trotzdem: Mit guten Videos können Sie Abonnenten für sich gewinnen, die Sie dann an andere weiterempfehlen.

Ich selbst habe zwei YouTube-Channels, die quasi als Datenbank für meine Business-Videos dienen.

Die Qual der Wahl

Sowohl für Unternehmer, Unternehmen, Angestellte, Führungskräfte, Auszubildende und Studenten sind alle Social-Media-Plattformen wichtige Quellen für Informationen, die sich zur Recherche und Marktbeobachtung nutzen lassen. Doch wer hat schon die Zeit, dort überall aktiv zu sein? Hier eine Übersicht, die Ihnen bei der Auswahl der für Sie besonders relevanten sozialen Medien hilft.

Die Qual der Wahl: Welche Plattform/welcher Dienst eignet sich?	
Wenn Sie selbstständig sind	
Facebook	Community Management, Ausbau der Personen- oder Unternehmensmarke
Snapchat	Schneller und direkter Austausch von Infos und Filmen und Fotos insbesondere mit jungen Zielgruppen
WhatsApp / Facebook Messenger	Schneller und unkomplizierter Austausch von Infos; Bildung von Gruppen
Instagram	Ausbau der Personen- oder Unternehmensmarke, Produktmarketing
Twitter	Blogmarketing, Presse- und Medienarbeit
XING oder LinkedIn	Recruiting, Vertrieb, Ausbau der Personen- oder Unternehmensmarke, Expertenstatus zeigen, Gruppen gründen und organisieren
YouTube	Videomarketing, Community Management
Pinterest	Marketing für Websites

Die Qual der Wahl: Welche Plattform/welcher Dienst eignet sich?	
Wenn Sie Arbeitnehmer sind	
Facebook	Kontakte knüpfen und pflegen, Ausbau der Marke »Ich«.
Instagram	Ausbau der Marke »Ich«.
XING	Expertise zeigen und interessante berufliche Kontakte finden im deutschsprachigen Raum
LinkedIn	International Expertise zeigen und interessante berufliche Kontakte finden

Interessant und professionell wirken in den sozialen Medien

Der erste Eindruck zählt und es gibt keine zweite Chance für ihn. Das gilt auch in den sozialen Medien. Sie sollten daher auf einen professionellen Auftritt achten. Ihre Social-Media-Profile sind Ihr Aushängeschild, Ihre Visitenkarte im Netz.

- Erstellen Sie ein Profil, das korrekte und vor allem aktuelle Angaben zu Ihrer Person enthält, so z. B. zu Ihren Lebenslaufdaten und zu Ihrer Ausbildung.

- Investieren Sie in ein gutes, professionell durch einen Fotografen erstelltes Foto, das Ihre Persönlichkeit widerspiegelt, und aktualisieren Sie es regelmäßig.

- Prüfen Sie die Einstellungen für Ihre Social-Media-Profile, so insbesondere die Privacy-Einstellungen, in denen Sie festlegen können, welcher Kontakt welche persönlichen Daten sehen kann.

- Ein Account, der nicht mit Leben und Aktivität gefüllt wird, nützt nichts für Ihr Networking. Updaten Sie die Inhalte also regelmäßig und reagieren Sie möglichst schnell auf Anfragen Ihrer Freunde und Follower. Das wird in Social Media schlichtweg erwartet.

- Qualität vor Quantität: Alles, was Sie posten, sollte möglichst professionell sein. Prüfen Sie Inhalte daher auf Richtigkeit, bevor Sie sie veröffentlichen.

- Beachten Sie die rechtlichen Vorgaben. Wenn Sie das Profil für Ihr Unternehmen nutzen, müssen Sie ein Impressum und einen Hinweis auf den Datenschutz vorhalten. Teilen Sie Inhalte von anderen, sollten Sie immer auf den Urheber hinweisen.

Die richtige Zeit für Ihre Social-Media-Aktivitäten

Es ist nicht egal, zu welcher Uhrzeit Sie etwas posten. Jede Plattform hat ihren eigenen Rhythmus und zusätzlich spielen dabei auch die Informationen eine Rolle, die Sie Ihrem Netzwerk liefern.

Die folgende Übersicht ist natürlich nur eine Richtschnur. Finden Sie Ihren eigenen ganz persönlichen Zeitplan. Eine Rolle spielt dabei:

- wie Ihr Tagesablauf aussieht,

- welche Informationen Sie online stellen (aktuelle Infos sollten Sie natürlich so schnell wie möglich veröffentlichen),

- wann Ihre Kontakte vermutlich Zeit haben, Posts zu lesen.

So nutze ich die Plattformen

- Twitter: Ein Tweet pro Tag oder auch mal mehr, je nachdem, wie es meine Zeit erlaubt, da ich ohne Tool arbeite (siehe hierzu näher das nächste Kapitel).

- Facebook: Mein Personenprofil aktualisiere ich auf jeden Fall morgens und abends und zwischendrin je nach Lust und Laune. Die Unternehmensseite bestücke ich pro Tag mit mindestens einem Beitrag, und zwar morgens.

- XING und LinkedIn: Auf beiden Portalen poste ich aktuelle News Montag bis Freitag am Vormittag.

- Instagram: Posts auf dieser Plattform stelle ich täglich am Abend online.

Morgens	Twitter
	Facebook
	XING
	LinkedIn

Abends	Facebook
	Instagram

Mein Social-Media-Zeitplan

Zeit und Aufwand sparen mit Tools

Social-Media-Aktivitäten beanspruchen Zeit, vor allem, wenn Sie eigene Beiträge posten und mehrere Portale nutzen. Es gibt jedoch diverse Tools, die Ihnen die Arbeit leichter machen. Finden Sie heraus, welche davon für Sie sinnvoll sind.

Die zehn wichtigsten Social Media Tools	
Hootsuite	Planungstool, mit dem alle Social-Media-Kanäle strukturiert und nach festgelegten Zeiten mit Beiträgen versorgt werden können
Buffer	Planungstool, mit dem alle Social-Media-Kanäle strukturiert mit Beiträgen versorgt werden können
Canva	Einfache Gestaltung von Bild-Content
Influencer DB	Tool, mit dessen Hilfe Sie die passenden Influencer, also Meinungsmacher, für sich und Ihre Zwecke finden können
Pinvolve	Koordiniert Posts auf Facebook und Pinterest
Fanpage Karma	Analysiert eigene Profile und die der Konkurrenz; Planungsfunktionen für das Posten von Beiträgen
GroSocial	Hilft kleinen Unternehmen mit mehreren Tools bei ihrem Post-Management
Brandwatch	Social Listening Tool, das dabei hilft, Reaktionen auf die eigene Marke zu analysieren
Google Alert	Informiert über Neuigkeiten zu festgelegten Suchbegriffen
Blog2Social	Planungstool für Blogbeiträge

Das automatische Posten mithilfe entsprechender Software ist natürlich verlockend: Es spart Zeit und Ressourcen und die Beiträge werden immer zur geplanten Uhrzeit platziert. Ich empfehle Ihnen jedoch, nicht überall die gleichen Beiträge zu posten. Sie sparen mit einer solchen Mehrfachverwertung zwar Zeit, allerdings hat sie auch einige Nachteile: Jede Community spricht ihre eigene Sprache. Bei Twitter und Instagram ist das Du üblich, bei XING das Sie. Twitter und Instagram sind ohne Hashtags nicht denkbar. Ganz anders ist das bei Facebook. Und noch ein weiterer Grund spricht dagegen: Sie werden in den verschiedenen Kanälen sicherlich hier und da die gleichen Kontakte haben. Somit sieht der User dann auf allen Kanälen den gleichen Beitrag. Zudem kommt hinzu, dass Beiträgen, die auf alle Kanäle passen, der persönliche Touch fehlt.

Ich nutze daher keine Automatisierungstools, dafür aber Google Alert. Dort hinterlege ich Suchbegriffe, zu denen ich auf dem Laufenden bleiben will, beispielsweise das Wort »Networking«. Immer wenn ein interessanter Beitrag dazu im Netz veröffentlicht wird, werde ich via Google Alert informiert. Sie können natürlich auch als Schlüsselwort Ihren Namen eingeben, um zu erfahren, wo überall im Netz über Sie gesprochen wird.

Erfahren Sie mehr über Ihre Kontakte: Statistiken

Zahlreiche Plattformen erfassen Fakten und Daten zum Nutzungsverhalten ihrer User und bieten sie als Statistik aufbereitet kostenlos als Infos an.

- XING: Auf XING gibt es eine Besucherstatistik. Sie können daraus ersehen, wer Ihr Profil besucht hat und, falls die Person für Sie interessant ist, Kontakt mit ihr aufnehmen.

- LinkedIn: Auf dieser Plattform gibt es Beitragsanalysen – hier sehen Sie, wer Ihre Beiträge angeschaut hat.

- Facebook: Für Unternehmensseiten wird eine ausführliche Statistik zur Verfügung gestellt, die Insights genannt wird.

Anhand dieser können Sie erkennen, für welche Zielgruppe Ihre Seite interessant ist. Sie können daraus sowohl ersehen, woher die Nutzer kommen, als auch, wer sie genau sind.

- Instagram: Wenn Sie einen Business-Account haben, können Sie zu jeder Story, die Sie dort gepostet haben, eine Statistik einsehen, die Angaben darüber enthält, wie viele Personen Ihren Beitrag angesehen haben.

Suchen und gefunden werden mit Hashtags

Mithilfe von Hashtags – der Name setzt sich zusammen aus dem Hash-Zeichen # und tag, was Schlagwort bedeutet – kann man beispielsweise auf den Plattformen Instagram oder Twitter Beiträge und Posts thematisch zuordnen. Sie erleichtern anderen die Suche nach einem Thema. Alle Beiträge, die den gleichen Hashtag haben, werden innerhalb der Plattform in einen Ordner geschoben. Sie können selbst eigene Hashtags festlegen. Wenn Sie beispielsweise den Hashtag #Networking in Instagram oder Twitter eingeben, werden Sie viele Beiträge finden und einige auch von mir.

Der eigene Blog

Ein Blog gehört heute zu jeder Social-Media-Strategie, wenn Sie zu einem bestimmten Thema Ihr Wissen teilen und damit auch gleichzeitig Marketing für sich und Ihr Business machen möchten. Mithilfe dieser Online-Journale, die ähnlich wie ein

Tagebuch geführt werden, können Sie sich auf Ihrem Gebiet als Expertin oder Profi etablieren. Sie können einen Blog auf verschiedene Weise führen: in Form von Beiträgen oder auch als Videoblog. Bloggen können Sie zu allen Themen. Wichtig ist nur, dass es Ihr Thema ist und Sie dazu so viel zu sagen haben, dass Sie kontinuierlich darüber berichten können.

Tipps: Wie Ihr Blog zum Erfolg wird

Fokussieren Sie sich auf ein Thema, das auch Ihre Leidenschaft ist. Fassen Sie es jedoch nicht zu eng, damit es für möglichst viele interessant ist.

Wissen zieht an: Geben Sie Ihr Expertenwissen preis.

Bleiben Sie authentisch. Verstellen Sie sich nicht. Bringen Sie Ihre ganz persönliche Note ein.

Lassen Sie sich nicht von Kritikern ausbremsen.

Sammeln Sie möglichst viele Ideen für Blog-Beiträge und lassen Sie Ihrer Kreativität freien Lauf. Sie können alles schreiben, was sich rund um Ihr Thema dreht.

Legen Sie sich einen Vorrat von mindestens zehn fertigen Beiträgen an, und zwar am besten bereits, bevor Sie online gehen.

Füllen Sie Ihren Blog kontinuierlich. Das ist vor allem am Anfang wichtig, um nachhaltig Leser zu gewinnen. Machen Sie sich einen Plan und veröffentlichen Sie die Beiträge in einem regelmäßigen Rhythmus.

Sie haben über eine längere Phase wenig Zeit zu schreiben? Bieten Sie Netzwerkkontakten an, Beiträge auf Ihrem Blog zu veröffentlichen.

Optimieren Sie den Blog für Suchmaschinen wie z. B. Google. In jedem Blog ist es möglich, Keywords festzulegen, unter denen der Beitrag gefunden werden soll.

Nutzen Sie die Statistiken Ihrer Blogsoftware. Sie geben Auskunft darüber, welche Beiträge Ihre Leser lieben.

Gestalten Sie die Beiträge gut lesbar. Lassen Sie sie am besten von einer vertrauten Person Korrektur lesen, bevor Sie sie online stellen.

> **Tipps: Wie Ihr Blog zum Erfolg wird**
>
> Verwenden Sie einladende und neugierig machende Fotos. Nutzen Sie am besten eigene Aufnahmen dafür. Sie wirken persönlicher und helfen, Schwierigkeiten mit Urheberrechten zu vermeiden.
>
> Machen Sie Werbung für Ihren Blog, wo auch immer Sie können: Werben Sie in Ihrem Netzwerk dafür und bitten Sie Ihre Kontakte darum, ihn weiterzuempfehlen. Binden Sie ihn in Ihre Website ein. Erzählen Sie auf XING davon. Pinnen Sie einzelne Blogbeiträge auf Pinterest. Erzählen Sie davon in persönlichen Gesprächen.

Ein guter Blog kostet Sie zwar Zeit, er kann aber auch viele Vorteile bringen, so beispielsweise

- eine bessere Positionierung für Sie zu Ihrem Thema oder Ihrer Expertise.

- mehr Präsenz und Bekanntheit und damit neue Kontakte und ein größeres Netzwerk.

- mehr Kunden, Aufträge, Umsatz und Gewinn.

- mehr Abonnenten für einen Newsletter, wenn Sie Ihre Blog-Leser dafür gewinnen können.

- Anfragen von Verlagen, Medien und Agenturen für interessante Publikationen.

- für den Ausbau Ihrer »Marke«.

> Bloggen braucht Zeit und Ausdauer. Überlegen Sie sich gut, ob ein Blog das richtige für Sie ist.

Als mir vor etwa fünf Jahren eine Marketingexpertin dazu riet: »Du solltest auch unbedingt bloggen«, war meine Antwort: »Was soll ich dort denn auch noch schreiben?« Denn zu der Zeit saß ich gerade an meinem ersten Buch zum Networking. Ich habe mich dann entschlossen, erst das Buch fertig zu schreiben und dann mit einem Blog zu starten – und zwar nicht zuletzt, um meine Bücher über diesen Weg bekannter zu machen. Und wirklich, mein Blog hat sich gelohnt: Ich werde für Vorträge und als Keynote Speakerin gebucht. Journalisten fragen bei mir Interviews und redaktionelle Beiträge an. Ich bekomme Anfragen für Gastbeiträge in anderen Blogs und von Verlagen für Buchbeiträge sowie Anfragen von Marketingagenturen, ob sie für ihre Kunden in meinem Blog Beiträge mit Backlinks veröffentlichen können. Ich kann meine Businessaktivitäten über meinen Blog bekannt machen und ich biete meinen Fans, Kunden und Lesern Mehrwert mit Wissen und werde so als Expertin für das Thema Networking und Social Media Marketing wahrgenommen.

Je bekannter Sie auf einem bestimmten Gebiet sind, desto eher werden Sie als Experte wahrgenommen.

Mit Ihrem Blog Geld verdienen?

Es gibt Menschen, die das Bloggen zu ihrem Business gemacht haben. Davon leben können aber nur einige wenige extrem erfolgreiche Blogger. Für alle anderen ist ein gut gemachter Blog ein prima Marketinginstrument und ein Aushängeschild für die Marke »Ich«. Es gibt auch Blogs, die nur ins Leben gerufen wurden, um Wissenstransfer zu ermöglichen. Indirekt Geld verdienen lässt sich mit Blogs trotzdem ein bisschen.

Geld verdienen mit dem eigenen Blog – Möglichkeiten
Backlinks platzieren: Das sind Links von Unternehmen zu Produkten, die zu Ihrem Thema passen.
Affiliate-Programme einbinden: Hier platzieren Sie Werbebanner oder Links, die auf Unternehmensseiten führen.
Einbindung von Werbebannern
Google AdSense einbinden: Darüber werden die zu Ihren Inhalten passenden Werbeanzeigen von Unternehmen auf Ihrer Blogseite geschaltet.
Eigene Produkte über den Blog verkaufen
Sponsored Posts: Damit bieten Sie Unternehmen die Möglichkeit, Gastbeiträge auf Ihrem Blog zu veröffentlichen, die Werbung enthalten.
Verlage beauftragen Sie für bezahlte redaktionelle Beiträge und Kolumnen oder für Buchprojekte
Werbung für Events von anderen, z. B. Workshops, Barcamps, Bloggerkonferenzen
Unternehmen buchen Sie als Expertin für Vorträge, Seminare, Workshops

Podcasts

Schreiben Sie nicht so gerne, sondern reden Sie lieber? Dann sind vielleicht Podcasts das richtige für Sie, um in Ihrem Netzwerk als Experte wahrgenommen zu werden. Ein Podcast ist eine Serie von Mediendateien, die sich einem bestimmten Thema widmen und die man über das Internet abonnieren kann. Es sind meist Hördateien, ähnlich wie Radiobeiträge. Im Unterschied zu diesen kann man sie aber unabhängig von einer bestimmten Sendezeit jederzeit hören. Mit einem Podcast werden Sie eine vollkommen andere Zielgruppe erreichen als bei einem Blog, und zwar Menschen, die gerne etwas »auf die

Ohren möchten«. Zur Erstellung von Podcasts muss man nicht etwa in ein Aufnahmestudio gehen. Man kann sie ganz einfach mit dem eigenen PC oder Smartphone produzieren.

Webinare

Webinare sind genau genommen Seminare im Web. Allerdings wird dieses Format mittlerweile auch generell zum Austausch, zum Wissenstransfer oder auch zum Coaching und Training genutzt. Die Teilnehmer können dort unter Leitung eines Moderators wie in einem Präsenzmeeting miteinander kommunizieren.

Auch damit lässt es sich bestens networken: Einer Einladung zu einem kostenlosen Webinar, in dem Sie interessante Inhalte präsentieren, folgen Ihre Kontakte gern und Sie bleiben damit nachhaltig in Erinnerung. Zudem können Sie damit Menschen mit gleichen Interessen und thematischen Schwerpunkten auf der ganzen Welt zusammenbringen, und zwar ganz leicht, ohne dass Sie und Ihre Teilnehmer dafür lang reisen müssen.

So entwickeln Sie Ihre Social-Media-Strategie

- Sehen Sie die sozialen Medien nicht als notwendiges Übel, sondern als große Chance für den Aufbau, den Ausbau und die Pflege Ihres Netzwerks.

- Schauen Sie, welche Möglichkeiten zu Ihnen passen. Definieren Sie dazu Ihre Zielgruppen und die Ziele, die Sie mit einer Präsenz in diesen Medien erreichen möchten.

- Prüfen Sie, welche dieser Portale Sie wirklich nutzen möchten und vor allem unter Zeit- und Ressourcengesichtspunkten nutzen können. Bringen Sie sich lieber in drei Social-Media-Kanäle intensiv ein statt in zehn nur oberflächlich.

- Überlegen Sie, in welcher Form Sie Ihre Inhalte präsentieren möchten: als Fotos, Texte, Videos, Podcasts? Auch hier spielen wieder Ihre Zielgruppe und Ihre Ziele eine Rolle.

- Erstellen Sie einen Redaktionsplan, in dem Sie die Themenschwerpunkte, die Beitragsfrequenz und die Zeitpunkte der Veröffentlichungen festlegen.

- Legen Sie sich eine Content- und Ideensammlung an.

- Holen Sie sich Inspiration bei erfolgreichen Netzwerkern.

- Machen Sie Werbung für Ihre Social-Media-Aktivitäten. Verknüpfen Sie die Kanäle mit Ihrer Webseite, Landingpage und beispielsweise Ihrem Blog.

- Integrieren Sie Ihr Social Media Marketing in Ihre übrigen Marketing-Aktivitäten. Weisen Sie in Ihrem Newsletter auf die Kanäle hin. Versehen Sie Ihre Printmedien mit den Hinweisen auf Ihre Kanäle.

- Nutzen Sie die Statistiken in den sozialen Medien für eine Erfolgskontrolle und für das Monitoring.

Ich selbst bin jemand, der keinen Redaktionsplan hat, doch auf jeden Fall eine Strategie, die genau auf die Zielgruppe und meine persönlichen Ziele zugeschnitten ist. Ich teste viel aus und nutze keine Tools. Für meine Facebook Fanpage und für die Facebook Gruppen nutze ich die Funktion des internen Vorplanens.

Content is King

Relevante Inhalte sind heute die Währung im Social Web. Teilen Sie Ihr Wissen in den sozialen Medien. Seien Sie dabei großzügig und haben Sie keine Angst davor, zu viel Know-how preiszugeben. Nur wenn Sie zeigen, was Sie können, erkennen Ihre Kontakte, dass genau Sie der richtige Fachmann, die passende Expertin sind. Schaffen Sie mit Content eine Sogwirkung in Ihrer Zielgruppe.

Warum nur echte Fans Sie weiterbringen

Wer sich ein Netzwerk via Social Media aufbauen möchte, braucht nicht unbedingt viele, sondern die richtigen Fans. Denn nur echte Fans, begeisterte Follower werden Ihnen Empfehlungen aussprechen. Es gibt zwei Strategien, wie Sie mit neuen Kontaktanfragen verfahren:

- Sie sortieren sofort oder
- Sie nehmen Anfragen generell an und selektieren später.

Ich selbst habe auf allen Plattformen großzügig Freunde und Kontakte angenommen und erst später selektiert, sofern das überhaupt nötig war. Auf XING habe ich beispielsweise 13.705 Kontakte. Davon sortiere ich nur diejenigen aus, die mir Spam und Massennachrichten senden.

Sie haben jede Menge Fans, aber hören nicht von ihnen? Keine Sorge! Grundsätzlich sind nur ca. 20 % aller User aktiv (siehe hierzu auch das Kapitel »Die Essenz: Empfehlungen«). Diese Quote ist ganz normal. Das heißt aber nicht, dass Ihre Beiträge etwa nur von den Aktiven gelesen werden. Die Passiven lesen sie ebenso.

Fans und Follower kann man auch kaufen. Die Kontakte werden wie Waren gehandelt. Sie wundern sich, dass es so etwas gibt? Ja, alles ist möglich, es macht nur keinen Sinn. Ich rate Ihnen daher davon ab, diesen Weg zu wählen. Denn so produzieren Sie nur Karteileichen. Desto mehr echte Fans Sie haben, die genau Ihnen folgen, weil sie Ihre Beiträge lieben, weil sie Sie mögen, desto mehr Früchte wird Ihre Social-Media-Strategie tragen.

Stolpersteine und Risiken

Wo Licht ist, ist auch Schatten. Es gibt natürlich auch Risiken, die Sie einkalkulieren sollten, wenn Sie in den Social Media unterwegs sind.

Shitstorm

Die Hemmschwelle in den sozialen Medien ist wesentlich geringer als im »realen Leben«. Allzu schnell fallen dort Äußerungen, die Kritiker in persönlichen Gesprächen so nie sagen würden. Ein weiteres Phänomen im Netz: Gerne schließen sich einer kritischen Stimme Dutzende, wenn nicht sogar Hunderte weitere an. Und schon ist er da: der sogenannte Shitstorm. Der Duden definiert diesen als »Sturm der Entrüstung in einem Kommunikationsmedium des Internets, der zum Teil mit beleidigenden Äußerungen einhergeht.« Es hagelt dann kritische und teilweise sehr unsachliche Kommentare zur Person oder zu einem bestimmten Vorgang.

Meist kündigt sich ein Shitstorm an. Wenn Sie erste Anzeichen erkennen, so z. B. die ersten bissigen Posts zu einem Ihrer Beiträge im Netz, reagieren Sie am besten schnell. Es gilt jetzt keine Zeit zu verlieren. Ignorieren, Verteidigen und Rechtfertigen sind in einem solchen Fall nicht die richtigen Strategien. Bewahren Sie einen kühlen Kopf und bleiben Sie gelassen. Löschen Sie die negativen Kommentare nicht, sondern kommunizieren Sie öffentlich und transparent mit dem »Angreifer«. Schreiben Sie: »Ich kümmere mich drum« – und tun Sie das dann auch. Bieten Sie an, die Angelegenheit in einem persönlichen Gespräch zu klären.

Je größer Ihr Unternehmen ist, desto besser sollten Sie auf einen Shitstorm vorbereitet sein. Verteilen Sie die Zuständigkeit für Ihre Social-Media-Kanäle beispielsweise auf mehrere Administratoren. Wenn einer von ihnen mal nicht online ist, so kann ein anderer bei einer Krise oder einem Angriff einspringen. Aber auch, wenn Sie als Soloplayer unterwegs sind, lohnt es sich, einen Plan für eine Social-Media-Krise in der Schublade zu haben.

Abmahnungsrisiko

Der Gesetzgeber sieht für diejenigen, die sich eine Präsenz im Internet zulegen, zahlreiche Pflichten vor. Das gilt vor allem, wenn Sie als Unternehmer, also zu geschäftlichen Zwecken im Internet auftreten. Jede Website, jede Plattform benötigt beispielsweise ein Impressum und muss einen Hinweis zu den aktuellen Datenschutzbestimmungen nach der Datenschutz-Grundverordnung enthalten. Wer diese Vorgaben nicht einhält, riskiert sogenannte Abmahnungen von Mitbewerbern und Verbraucherschutzvereinen. Wenn solche Schreiben ins Haus flattern, kann das ziemlich teuer werden. Diesem Risiko lässt sich mit einer rechtssicheren Website vorbeugen. Erkundigen Sie sich am besten bei einem Profi, also in der Regel einer Rechtsanwältin, einem Rechtsanwalt, was es zu beachten gibt.

Ein Abmahnungsrisiko besteht ebenfalls, wenn Sie fremde Inhalte, wie z. B. Fotos, Videos oder Texte, posten und dabei nicht den Urheber kenntlich machen. Versehen Sie also alle diese Medien mit klaren Hinweisen auf die ursprüngliche Quelle. Oft reicht auch das nicht: Es gibt Medien, die nicht verwendet werden dürfen, weil der Urheber das nicht will. Um ganz sicherzugehen, nutzen Sie am besten nur selbst erstellte Texte, Bilder und Videos.

Privatsphäre schützen

Auf jedem Social-Media-Portal können Sie Einstellungen zur Privatsphäre vornehmen. Ich empfehle Ihnen, davon auch Gebrauch zu machen. Prüfen Sie bei allen Profilen, ob die Privacy-Optionen Ihren Vorstellungen entsprechen.

Je öffentlicher ein Profil ist, desto mehr Menschen können darauf zugreifen und es einsehen. Kein Problem ist das natürlich, wenn Sie Ihr Unternehmen präsentieren. Schwieriger ist es, wenn Sie auch halb-private Dinge posten, die vielleicht der Chef nicht sehen soll oder nur bestimmte Kollegen.

Je nach Portal haben Sie unterschiedliche Möglichkeiten, Ihre Privatsphäre zu schützen. Hier ein paar Tipps, die nicht jedem bekannt sind.

Facebook

Ich empfehle Ihnen, Ihre Freundesliste so zu schließen, dass nur Sie die Freunde sehen können. Das bewirkt, dass auch Ihre Freunde nur noch Ihre gemeinsamen Freunde sehen können. Damit schützen Sie nicht nur sich, sondern ebenso Ihre Kontakte.

Auch für Ihre Chronik auf Facebook sollten Sie Ähnliches vorsehen. Schließen Sie sie, damit nicht jeder dort etwas ohne Ihre Zustimmung schreiben kann.

XING

Schließen Sie Ihre Kontaktliste, sodass sie nicht für jedermann einsehbar ist. Offene Kontaktlisten nützen anderen ohnehin wenig, da ja nur Sie die Beziehung zu den jeweiligen Kontakten aufgebaut haben und sie deswegen nicht einfach so übernommen werden können.

Stellen Sie ein, wer Ihr Profil in welcher Detailtiefe sehen darf. Sie können beispielsweise wählen, wer Ihr Geburtsdatum erfährt und wer nicht.

Viren, Trojaner, Spam und Datendiebstahl

Natürlich werden soziale Plattformen auch missbraucht, um anderen zu schaden oder sie zu ärgern. Seien Sie wachsam und klicken Sie nicht alles an, vor allem, wenn Ihnen der Absender unbekannt ist. So platzieren Hacker beispielsweise Kurz-URLs in Themengruppen. Wenn Sie darauf klicken, landen Sie auf einer Internetseite, die veranlasst, dass Ihre persönlichen Daten ausgelesen werden.

Über Messenger-Dienste wie WhatsApp und Facebook Messenger werden gern Videos versendet, die Trojaner enthalten. Offene Freundeslisten in Facebook können dazu führen, dass Ihre Profile kopiert werden und dann für den Versand von Spamnachrichten missbraucht werden.

Das beste Prinzip, sich vor solchen Dingen zu schützen, ist gesunder Menschenverstand: Erst denken, dann klicken! Machen

Sie nicht überall mit, so vor allem nicht bei allen Tests und Gewinnspielen, bei denen Ihre persönlichen Daten erfragt werden und die daher oft auch verantwortlich sind für Spam in Ihrem E-Mail-Fach. Leiten Sie nicht jede Nachricht oder jeden Link gleich an Ihre Fans weiter, auch wenn Sie darum gebeten werden, dies zu tun.

> Immer wieder erlebe ich, dass gerade bei Networkern die Aktivitäten in Social Media an den technischen Voraussetzungen oder auch an den Kenntnissen scheitern. Nehmen Sie sich die Zeit und machen Sie sich mit den Möglichkeiten der sozialen Medien am Smart Phone oder PC vertraut. Es lohnt sich, denn mit wenigen Mausklicks und geringem Zeitaufwand lässt es sich damit hervorragend überall und immer netzwerken.

Zeitfresser Social Media

Es ist ähnlich wie mit dem Surfen im Internet: Das Stöbern oder Posten in den sozialen Medien ist höchst unterhaltsam, und so passiert es des Öfteren, dass aus einer Stunde, die man damit verbringen wollte, schnell drei werden. Damit sich Ihr Networking via Social Media nicht als Zeiträuber entpuppt, sollten Sie folgende Tipps beherzigen:

- Halten Sie sich bei jedem Post, bei jeder Aktivität in den sozialen Medien Ihr Ziel vor Augen: Wenden Sie nur Zeit für diejenigen Aktivitäten auf, die Sie diesem Ziel näherbringen.

- Setzen Sie sich ein tägliches Zeitlimit oder planen Sie genau definierte Zeitfenster für Ihr Social-Media-Engagement ein. Überprüfen Sie Ihr Zeitmanagement hin und wieder.

- Planen Sie Ihre Beiträge vor. Entweder tun Sie das in Facebook direkt (geht nur in der Fanpage und in Gruppen), oder Sie nutzen Tools wie Buffer oder Hootsuite (siehe hierzu näher das Kapitel »Zeit und Aufwand sparen mit Tools«).

- Nutzen Sie Leerlaufzeiten für den Check Ihrer Nachrichten, so beispielsweise in der Straßenbahn, beim Boarding oder im Liegestuhl am Pool.

- Stellen Sie die Benachrichtigungen zu den Social Media Accounts Ihrer Freunde und Fans so ein, dass Sie nur sehen, was Ihnen wichtig ist.

- Trennen Sie sich von Freunden, Fans oder Kontakten, die Ihnen nicht guttun oder die sich als Zeiträuber entpuppen, weil sie Sie mit Nachrichten und Posts überschütten.

- Nutzen Sie Gruppen für die Kommunikation zu Themen.

- Moderieren Sie eigene Gruppen, so werden die Fragen gebündelt und Sie schaffen damit gleichzeitig Anziehung für andere.

- Haben Sie keine Angst, etwas zu versäumen.

- Haben Sie den Mut, auch mal Nein zu sagen und etwas nicht zu lesen.

- Lassen Sie Dinge, die nicht so wichtig für Sie sind, auch mal so stehen und hinterfragen sie Sie nicht weiter.

- Haben Sie keine Angst vor Fehlern, es muss nicht alles perfekt sein.

- Delegieren Sie Aufgaben, um sich Freiräume für Social Media zu schaffen. Oder delegieren Sie bestimmte Social-Media-Aktivitäten. Vielleicht können auch andere sie für Sie erledigen?

Auf einen Blick: Finden Sie Ihre Social-Media-Strategie

- Soziale Medien sind aus dem Networking nicht mehr wegzudenken. Das heißt aber nicht, dass Sie auf allen Portalen und in jedem sozialen Netzwerk präsent sein müssen.

- Setzen Sie auf Klasse statt Masse und finden Sie den für Sie passenden Mix an Offline- und Online-Aktivitäten.

- Ihre Online-Profile sind Ihre Visitenkarten im Netz. Legen Sie daher viel Wert auf eine professionelle Anmutung und Aktualität.

- Es gibt zahlreiche Hilfsmittel, die Ihnen dabei helfen, sich online optimal zu präsentieren, Zeit zu sparen und herauszufinden, wer sich für Sie interessiert.

- So ideal die sozialen Medien dafür sind, schnell und einfach Kontakte zu knüpfen, so riskant sind sie auch, wenn man sich dort nicht vorsichtig genug verhält.

Auf den Punkt gebracht: die Tipps der Netzwerkexpertin

Mit den folgenden Tipps wird Networking auch für Sie zum Turbo für Business und Karriere.

- Netzwerken ist keine Einbahnstraße. Handeln Sie nach dem Geben-Geben-Bekommen-Prinzip: Geben Sie, ohne die Erwartung zu haben, etwas zurückzubekommen.

- Sprechen Sie Empfehlungen aus.

- Fragen Sie nach Empfehlungen für sich selbst.

- Bedanken Sie sich für Empfehlungen.

- Nett sein hilft, denn wir alle umgeben uns gern mit freundlichen Menschen.

- Zeigen Sie Präsenz.

- Werden Sie aktiv.

- Werden Sie zum Small-Talk-Profi.

- Sorgen Sie dafür, dass der erste Eindruck passt.

- Investieren Sie Zeit und Arbeit in Ihren Elevator Pitch. Es lohnt sich, denn für den ersten Eindruck gibt es keine zweite Chance.

- Machen Sie das Networking zu etwas ganz Alltäglichem in Ihrem Leben. Gelegenheiten dafür bieten sich immer und überall.

- Ihre Einstellung entscheidet: Entwickeln Sie ein Networking-Mindset.

- Networking bedeutet Kommunikation – ohne geht es nicht.

- Der Kontakt hinter dem Kontakt ist sehr wertvoll. Denn jeder Kontakt hat wiederum Kontakte.

- Vernetzen Sie sich wertungsfrei, indem Sie nicht urteilen, ob Sie den Kontakt brauchen oder nicht.

- Die Welt ist ein Dorf. Sie sind nur sechs Kontakte von jeder Person entfernt. Berücksichtigen Sie das, wenn Ihnen die Networking-Welt mal wieder zu groß erscheint.

- Netzwerken muss Spaß machen. Bereitet Ihnen eine Art des Netzwerkens keine Freude, hören Sie auf damit und versuchen Sie eine neue, die besser zu Ihnen passt.

- Networking macht »alles« möglich. Haben Sie Geduld, auch Sie werden das irgendwann feststellen.

- Kleine Aufmerksamkeiten erhalten die Freundschaft und erleichtern die Kontaktpflege ungemein.

- Machen Sie es möglich, dass Sie virtuelle Kontakte auch persönlich kennenlernen.

- Vernetzen Sie sich mit Offline-Kontakten in Online-Portalen und machen Sie sie so auch zu virtuellen Kontakten.

- Kontakte wollen nicht nur geknüpft, sondern auch gepflegt werden.

- Reden ist Silber – Zuhören ist Gold. Reden Sie weniger – hören Sie mehr zu.

- Legen Sie sich professionell gemachte Visitenkarten zu.

- Social-Media-Profile sind Ihre Visitenkarte im Netz. Achten Sie darauf, dass sie aktuell, gut gestaltet und professionell formuliert sind.

- Wer offline unterwegs ist, sollte Wert legen auf die üblichen Benimm-Regeln, wer online unterwegs ist, sollte die Netzwerk-Etiketteregeln kennen.

- Setzen Sie Anker durch kleine Besonderheiten, um bei anderen in Erinnerung zu bleiben.

- Identifizieren Sie Ihr Alleinstellungsmerkmal und kommunizieren Sie es.

- Pflegen Sie regelmäßigen Kontakt mit Ihren wichtigsten Kontakten.

- Branden Sie Ihre Marke mithilfe von Networking.

- Verbinden Sie andere Menschen miteinander. Das lohnt sich irgendwann in irgendeiner Form auch für Sie.

- Nutzen Sie für Ihre Online-Profile professionelle und authentische Porträtfotos.

- Brennen Sie für sich und Ihr Business.

- Lassen Sie Ihre Fans hinter die Kulissen schauen.

- Bleiben Sie authentisch. Andere merken es, wenn Sie jemand sein wollen, der Sie nicht sind.

- Fallen Sie beim Kontakte-Knüpfen nicht mit der Tür ins Haus.

- Finden Sie Gemeinsamkeiten – sie verbinden.

- Nehmen Sie sich Zeit für das Networking und haben Sie Geduld.

- Vertrauen Sie Ihrem Netzwerk.

- Finden Sie Communitys, die zu Ihnen und Ihren Networking-Zielen passen.

- Wählen Sie die Social-Media-Plattformen, die Ihnen liegen und die Ihnen Spaß machen.

- Nutzen Sie einen Mix aus Medien zum Networking.

- Bauen Sie Ihr Netzwerk auf, bevor Sie es benötigen.

- Erweitern Sie täglich Ihr Netzwerk – online wie offline.

- Gehen Sie offen und neugierig auf andere zu.

- Denken Sie positiv. Gute Laune und ein Lächeln fördern Ihren Erfolg.

- Bauen Sie echte Beziehungen zu anderen auf.

- Sehen Sie Netzwerken als eine Lebensphilosophie.

- Seien Sie großzügig mit Empfehlungen. Empfehlungen kann nur derjenige bekommen, der welche gibt.

- Haben Sie Geduld: Empfehlungen kommen nie auf dem direkten Weg zurück.

- Scheuen Sie die Mühe nicht, die manchmal mit dem Netzwerken verbunden ist. Es lohnt sich in jedem Fall, denn Sie erreichen damit Ihre Ziele leichter und schneller.

- Netzwerken fördert das Marketing in eigener Sache. Networking macht Sie sichtbarer. Nutzen Sie diese Chancen und werden Sie aktiv.

- Networking inspiriert. Lernen Sie durch Ihre Kontakte andere Sichtweisen kennen.

- Networking motiviert. Lassen Sie sich von der Begeisterung Ihrer Kontakte anstecken.

- Weniger kann mehr sein. Kommunizieren Sie kurz, knapp und auf den Punkt.

- Machen Sie andere neugierig auf sich und Ihre Ziele.

- Halten Sie sich an Ihre Zusagen. Jeder schätzt zuverlässige und verbindliche Menschen.

- Erstens kommt es anders, zweitens als man denkt. Weg mit den Vorurteilen über das Netzwerken!

- Verlassen Sie Ihre Komfortzone. Gehen Sie raus in die Welt – verlassen Sie sich darauf: neue Kontakte klingeln nicht an Ihrer Tür.

- Seien Sie mutig. Fischen Sie auch mal in ganz anderen Teichen.

- Netzwerken hat nichts mit Verkaufen zu tun. Verzichten Sie also auf leere Werbesprüche und Verkaufstricks.

- Seien Sie gespannt! Jeder kann Ihr Empfehlungsgeber sein.

- Sie sind introvertiert und denken, Networking liegt Ihnen deshalb nicht? Falsch gedacht! Introvertierte können sehr gute Netzwerker sein.

- Sie sind extravertiert? Dann fällt es Ihnen sicherlich nicht schwer, auf Unbekannte offen zuzugehen. Überrumpeln Sie andere jedoch nicht und hören Sie ihnen genau zu.

- Wer fragt, der führt und erfährt damit auch viel.

- Nicht nur Worte zählen, die Körpersprache ist ebenso wichtig. Achten Sie darauf, dass sie positiv vom anderen wahrgenommen wird.

- Halten Sie in persönlichen Gesprächen Blickkontakt zu Ihrem Gegenüber.

- Networking fordert Toleranz. Respektieren Sie andere Meinungen.

- Kontakte wollen gepflegt werden. Bleiben Sie dran.

- Investieren Sie ein wenig Zeit in die Nachbereitung von Netzwerkterminen. Es lohnt sich!

- Networking tut nicht weh. Nein, es macht sogar Spaß! Trauen Sie sich, jeden anzusprechen und verbringen Sie auf Veranstaltungen die meiste Zeit mit Unbekannten.

- Lernen Sie von erfolgreichen Networkern.

- Setzen Sie auf Klasse statt Masse: lieber zwei intensive Kontakte als 20 oberflächliche.

- Haben Sie den Mut, auch mal anders zu sein als die anderen. Damit bleiben Sie bei Ihren Kontakten in Erinnerung.

- Wer sich bewegt, bewegt etwas. Legen Sie gleich heute los!

Stichwortverzeichnis

Abmahnung 110
AIDA-Formel 47
Alleinstellungsmerkmal 24, 33
Anker-Effekt 55

Blog 100

Corporate Identity 40

Datenschutz 110

Elevator Pitch 46
Empfehlungsgeber, Definition 8

Facebook 83
FacebookMessenger 88
Fanpage 84

Geben-Geben-Bekommen-
    Prinzip 69
Google Alert 99

Hashtag 100

Ideenklau 60
Influencer Marketing 87
Instagram 87

Jobsuche 51

Kommunikation, wertschätzen-
    de 14
Konkurrenzdenken 61
Kontaktpflege 57

LinkedIn 83

Markenbildung 39
Markenzeichen 41
Mindset 13

Networking-Plan 66
Netzwerktypen 26

Pareto-Prinzip 9
Pinterest 89
Podcast 104
Privatsphäre 86, 111

Reputation 60

Shitstorm 109
Small Talk 42
Snapchat 89
Social-Media-Plattform 76
Social-Media-Profil 94
Social-Media-Tools 97
Strategie, Networking- 67

Twitter 90

Unique Selling Proposition 24, 33

Webinar 105
WhatsApp 88

XING 81

YouTube 92

Impressum

Bibliografische Information der Deutschen Nationalbibliothek
Die Deutsche Nationalbibliothek verzeichnet diese Publikation in der Deutschen
Nationalbibliografie; detaillierte bibliografische Daten sind im Internet über
http://www.dnb.dnb.de abrufbar.

Print:	ISBN: 978-3-648-12282-2	Bestell-Nr.: 10756-0001
ePub:	ISBN: 978-3-648-12283-9	Bestell-Nr.: 10756-0100
ePDF:	ISBN: 978-3-648-12284-6	Bestell-Nr.: 10756-0150

Petra Polk
Erfolg mit Networking – Online und offline Kontakte (ver)knüpfen
1. Auflage 2019

© 2019, Haufe-Lexware GmbH & Co. KG, Munzinger Straße 9, 79111 Freiburg
Redaktionsanschrift: Fraunhoferstraße 5, 82152 Planegg/München
Internet: www.haufe.de
E-Mail: online@haufe.de
Redaktion: Jürgen Fischer

Konzeption, Realisation und Lektorat: Nicole Jähnichen, www.textundwerk.de
Umschlagentwurf: RED GmbH, Krailling
Umschlaggestaltung: Kienle gestaltet, Stuttgart
Satz: Reemers Publishing Services GmbH, Krefeld

Die Autorin

Petra Polk

ist Keynote Speakerin, Netzwerkexpertin, Rednerin, Autorin, Bloggerin, Unternehmensberaterin, Franchisegeberin, Strategin, Chancendenkerin und Chancengeberin. Ihre Berufung ist es, die Menschen zu verbinden. Sie versteht es, virtuelles und persönliches Networking zu verknüpfen und strategisch für ihr Business zu nutzen. In Ihren Keynotes, Vorträgen, Beratungen und Büchern gibt sie dieses Wissen aus vielen Jahren Erfahrung in Marketing, Vertrieb und Kommunikation weiter.

Sie ist eine Frau mit Power und Humor, die ihr Publikum begeistert und es einlädt, sich aus einem wahren Feuerwerk an Informationen genau die richtigen Puzzlesteine für das eigene Business und den Karriereweg mitzunehmen. In ihren Büchern hat Petra Polk ihr Wissen aus der Praxis für die Praxis zusammengefasst. Sie redet und schreibt nicht nur über Networking, sondern lebt es auch täglich für ihre Unternehmen.

Petra Polk führt eine glückliche Partnerschaft im Hunsrück, hat zwei Kinder, zwei Enkelkinder, einen Kater, eine Katze und einen süßen kleinen Hund namens Paul.

Mehr zur Autorin unter www.petrapolk.com.

Speziell für TaschenGuide-Leser:

Kostenlose Downloads

unter mybook.haufe.de

Mit
**TASCHEN
GUIDE**
Downloads

Mustertexte, Checklisten, Excel-Rechner
und vieles mehr zu folgenden Themen:

- Betriebswirtschaft und Rechnungswesen
- Recht und Geld
- Management und Führung
- Kommunikation und Soft Skills

Buchcode: TGA-HL12

Und so geht's

- Einfach unter mybook.haufe.de
  den Buchcode eingeben

- Oder QR-Code scannen und
  direkt über Ihr Smartphone
  oder Tablet auf die Website gehen

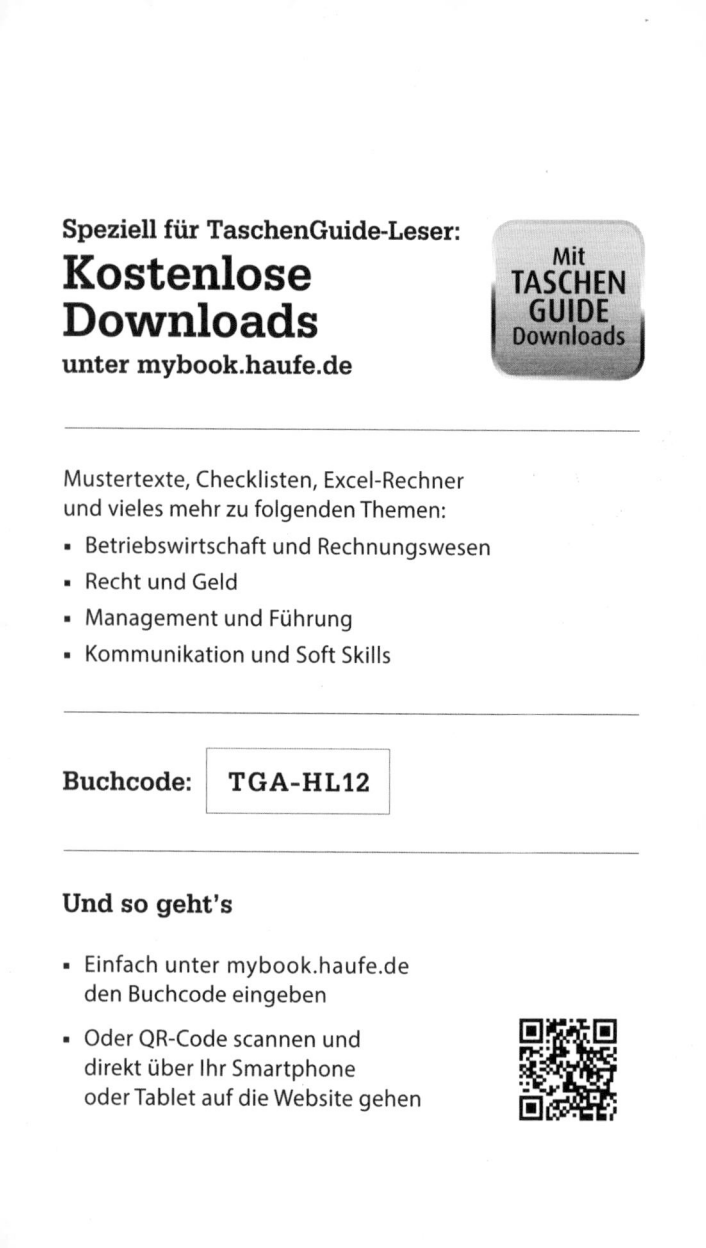